Jorge Avellaneda

Sistema de Mejoramiento de Audio

Jorge Alberto Rojas Parra
Jorge Alveiro Rojas Mendoza

Sistema de Mejoramiento de Audio

Usando Técnicas de Procesamiento Digital de Señales

Editorial Académica Española

Imprint
Any brand names and product names mentioned in this book are subject to trademark, brand or patent protection and are trademarks or registered trademarks of their respective holders. The use of brand names, product names, common names, trade names, product descriptions etc. even without a particular marking in this work is in no way to be construed to mean that such names may be regarded as unrestricted in respect of trademark and brand protection legislation and could thus be used by anyone.

Cover image: www.ingimage.com

Publisher:
Editorial Académica Española
is a trademark of
International Book Market Service Ltd., member of OmniScriptum Publishing Group
17 Meldrum Street, Beau Bassin 71504, Mauritius

Printed at: see last page
ISBN: 978-3-659-07405-9

Copyright © Jorge Alberto Rojas Parra, Jorge Alveiro Rojas Mendoza
Copyright © 2013 International Book Market Service Ltd., member of OmniScriptum Publishing Group
All rights reserved. Beau Bassin 2013

A DIOS
A mi Madre
A Juvenal
A mi hermana
A mi esposa
y a mis Hijos
quienes siempre han sido
un referente y
un apoyo incondicional...

Jorge Alberto Rojas Parra

A mi DIOS que es el ser de donde proviene toda mi sabiduría e inteligencia, el responsable de que haya logrado una de mis mejores y más anheladas metas, al que le pido que nunca pierda mi Fe y seguir adelante.

A mi MAMÁ que es la persona que me ha dado todo el apoyo, la fuerza cariño y amor, que necesita un hombre para lograr sus metas. Estoy seguro que sin ello no lo hubiera logrado. Gracias Madre mía, que Dios te bendiga.

A mi tío LILIO por el apoyo y todos sus sabios consejos.

A mi Hermana MARTHA por el ejemplo que nos dio a mí y a mis Hermanos.

A mi PAPÁ por el apoyo moral y económico.

A mis Hermanos que son una parte muy importante de mi vida.

A mi amigo Luis Acosta por el apoyo que me brindo

A toda mi Familia por todos sus consejos.

A mis Profesores por compartir parte de su sabiduría

A las personas que me rodearon durante el tiempo de mis estudios, con las cuales compartí salones de clase, experiencias difíciles y buenos momentos. Estas personas son mis Compañeros y amigos, los cuales han contribuido en mi formación tanto personal como profesional. Gracias

DIOS bendiga a todas las personas que me ayudaron a probar el Triunfo.

Jorge Alveiro Rojas Mendoza

CONTENIDO

Pág.

INTRODUCCIÓN	11
1. PRODUCCIÓN Y PERCEPCION DE SONIDOS	15
1.1 PRODUCCIÓN DE SONIDOS	15
1.1.1 Clasificación de los sonidos de la voz	18
1.2 ELEMENTOS DEL HABLA	20
1.2.1 Timbre y frecuencia armónica	20
1.2.2 Intensidad y sonoridad	21
1.2.3 Tono / Frecuencia	22
1.3 SISTEMA AUDITIVO HUMANO	23
1.4 SEÑALES AUDITIVAS	28
1.4.1 El sonido	29
1.4.2 Ruido	30
2. MEJORAMIENTO DE SEÑALES DE AUDIO	36
2.1 ANÁLISIS Y SÍNTESIS DE VOZ	36
2.1.1 Análisis del habla	37
2.1.2 Técnicas de análisis	39
2.2 FILTRADO DIGITAL	51
2.2.1 Filtros de respuesta al impulso infinita IIR	53
2.2.2 Filtros de respuesta al impulso finita FIR	55
2.2.3 Metodología de diseño para filtros digitales	55
2.2.4 Algoritmo de Parks – McClellan	67
2.2.5 Método de diseño de mínimos cuadrados	73
3. MEJORAMIENTO DE VOZ UTILIZANDO MATLAB	81
3.1 AUDIO EN EL PC	82
3.2 IMPLEMENTACIÓN DEL SISTEMA	83
3.2.1 Etapa de adquisición y almacenamiento de la señal de audio	84
3.2.2 Etapa de caracterización de la señal adquirida	86
3.2.3 Etapa de procesado y almacenamiento de la señal	88
4. IMPLEMENTACIÓN DEL SISTEMA EN UN PROCESADOR DE SEÑALES DIGITALES	100
4.1 CARACTERÍSTICAS DEL PROCESADOR DIGITAL DE SEÑALES	100
4.1.1 Rango de funcionamiento	101
4.1.2 CPU de alto rendimiento	101
4.1.3 Controlador de interrupciones	102
4.1.4 Entradas y salidas digitales	102

4.1.5 Memorias	102
4.1.6 Manejo del sistema	102
4.1.7 Control de alimentación	103
4.1.8 Temporizadores, módulos de captura, comparación y PWM	103
4.1.9 Módulos de comunicación	103
4.1.10 Periféricos para el control de motores	104
4.1.11 Conversor analógico/digital	104
4.2 TARJETA DE DESARROLLO dsPICDEM™	105
4.3 IMPLEMENTACIÓN DEL SISTEMA	108
4.3.1 Supresión de ruido por medio de filtrado	110
4.3.2 Algoritmo de supresión de ruido	112
5. PRUEBAS Y RESULTADOS	116
5.1 PRUEBAS Y RESULTADOS DEL SISTEMA IMPLEMENTADO EN MATLAB	116
5.2 PRUEBAS Y RESULTADOS DEL SISTEMA IMPLEMENTADO EN TIEMPO REAL	120
5.2.1 Algoritmo se supresión de ruido	122
5.2.2 Algoritmo de supresión de ruido por medio de filtrado	127
6. CONCLUSIONES	134
PERSPECTIVAS DE TRABAJO FUTURO	136
BIBLIOGRAFÍA	138
ANEXOS	141

LISTA DE FIGURAS

Pág.

Figura 1. Aparato fonador humano — 17
Figura 2. Representación del oído humano — 25
Figura 3. Distribución frecuencial para cada una de las bandas de la escala Bark — 27
Figura 4. Funcionamiento del oído — 28
Figura 5. Ruido blanco — 33
Figura 6. Ruido rosa — 34
Figura 7. Técnicas de análisis (a) Energía. (b) Cruces por cero. (c) Máximos y mínimos — 40
Figura 8. Señal de voz capturada "enciclopedia" — 44
Figura 9. Transformada de Fourier de la señal de voz capturada — 45
Figura 10. Esquema de obtención de los coeficientes Cepstrum — 46
Figura 11. Trama sonora y su correspondiente cepstrum (a) Trama sonora (b) cepstrum — 48
Figura 12. Especificaciones de un filtro digital FIR pasa bajos — 56
Figura 13. Ventanas comúnmente utilizadas — 59
Figura 14. Transformadas de Fourier de las ventanas con M=50. (a) Rectangular. (b) Triangular. (c) Hanning. (d) Hamming. (e) Blackman — 61
Figura 15. Ventana de Kaiser para — 65
Figura 16. Esquema de tolerancia y respuesta ideal de un filtro paso bajo — 69
Figura 17. Respuesta en frecuencia típica que cumple las especificaciones de la Figura 15 — 70
Figura 18. Respuesta en frecuencia típica que cumple las especificaciones de la Figura 15. — 71
Figura 19. Método de diseño del filtro inverso de mínimos cuadrados — 74
Figura 20. Método de mínimos cuadrados para determinar los polos y ceros — 77
Figura 21. Diagrama de bloques del sistema a implementar — 83
Figura 22. Selección tipo de formato de datos de entrada — 84
Figura 23. Adquisición de la señal mediante la interfase grafica de la herramienta diseñada — 85
Figura 24. Técnicas originales para mostrar espectros más legibles — 86
Figura 25. Caracterización de una señal adquirida — 87
Figura 26. Diagrama de bloques del algoritmo de supersesión de ruido — 92
Figura 27. Ventana trapezoidal — 94
Figura 28. dsPIC 30F6014-I/PF — 105

Figura 29. Tarjeta de desarrollo dsPICDEM-1.1   106
Figura 30. Resultado del algoritmo expuesto en el anexo B implementado en la tarjeta dsPICDEM-1.1   107
Figura 31. Diagrama de bloques del sistema a implementar en el dsPIC30F6014   108
Figura 32. Entorno grafico de la herramienta dsPIC FD lite, diseño filtro FIR pasa banda   110
Figura 33. Respuesta en frecuencia del filtro FIR pasa banda   111
Figura 34. Respuesta en frecuencia del filtro FIR supresor de banda   112
Figura 35. Diagrama de bloques del algoritmo de supersesión de ruido en el dsPIC   113
Figura 36. Modificación de volumen   117
Figura 37. Normalización de la señal   118
Figura 38. Supresión de ruido   119
Figura 39. Distribución de los elementos de hardware dentro de la dsPICDEM-1.1   121
Figura 40. Diagrama de conexión entre la dsPICDEM-1.1 y el PC   123
Figura 41. Pantalla de inicio del sistema   123
Figura 42. Señal de voz corrupta con ruido blanco. a) Dominio del tiempo b) Dominio de la frecuencia   125
Figura 43. Señal de voz procesada. a) Dominio del tiempo b) Dominio de la frecuencia   125
Figura 44. Configuración del sistema para la prueba en tiempo real   126
Figura 45. Ruido blanco y su espectro representado por la herramienta *Wave Tools*   129
Figura 46. Respuesta en frecuencia del filtro pasa banda   131
Figura 47. Respuesta en frecuencia del filtro pasa banda y el filtro rechaza banda   132
Figura 48. Señal de voz corrupta con ruido de 1KHz. a) Dominio del tiempo b) Dominio de la frecuencia   133
Figura 49. Señal de voz procesada. a) Dominio del tiempo b) Dominio de la frecuencia   133

LISTA DE TABLAS

Pág.

Tabla 1. Comparación de ventanas comúnmente utilizadas   62
Tabla 2. Comparación ventana Hamming y Hanning   63
Tabla 3. Coeficientes ventana trapezoidal   93
Tabla 4. División en bandas del espectro de frecuencia   94
Tabla 5. Elementos de hardware de la dsPICDEM-1.1   122

LISTA DE ANEXOS

Pág.

ANEXO A. Descripción del formato WAV de Microsoft 142
ANEXO B. Algoritmos implementados en el dsPIC 145
ANEXO C. Características CODEC SI3000 151
ANEXO D. Manual de usuario de la herramienta en MATLAB 153

RESUMEN

Título: SISTEMA DE MEJORAMIENTO DE SEÑALES DE AUDIO USANDO TÉCNICAS DE PROCESAMIENTO DIGITAL DE SEÑALES[*]

Autor(es): JORGE ALBERTO ROJAS PARRA
JORGE ALVEIRO ROJAS MENDOZA[**]

Palabras claves: Sistemas, DSP, dsPIC, Mejoramiento, Tiempo real

Línea de investigación: PROCESAMIENTO DIGITAL DE SEÑALES Y ARQUITECTURAS DIGITALES

Descripción:

El procesado digital de señales es un área de la ciencia y la ingeniería que se ha desarrollado rápidamente durante los últimos años. Este rápido desarrollo es el resultado de una relación muy estrecha entre la teoría, las aplicaciones y las tecnologías de realización de sistemas basados DSPs. Los dsPIC son una nueva tecnología de procesadores de señales digitales que poseen unas características determinadas que lo hacen un procesador adecuado para el procesamiento de señales digitales. Estos procesadores ofrecen altos beneficios como su bajo costo, facilidad de manejo, alto rendimiento debido a su arquitectura híbrida que toma las facilidades de programación de los microcontroladores y la velocidad de procesamiento de los DSP, permitiendo así la implementación de muchas aplicaciones entre las cuales se encuentra el reconocimiento de voz, las comunicaciones, domótica, el mejoramiento de audio, etc.

Para el mejoramiento de señales de audio, existen una variedad de técnicas que brindan diversas alternativas a la hora de implementar un sistema que tenga la capacidad de reducir los niveles de ruido presentes en una señal de voz. Cada uno de estos métodos, posee determinadas ventajas y desventajas, de ahí la importancia de la elección del tipo de sistema que se desea implementar para así poder tomar la decisión más acertada.

El objetivo de este proyecto fue diseñar un sistema de mejoramiento de señales de audio usando técnicas de procesamiento digital de señales. Se propuso implementar una herramienta de simulación en MATLAB y un sistema que opera en tiempo real. La herramienta de simulación está apoyada en una interfaz gráfica de fácil entendimiento y manejo para el usuario, en la cual se implementaron diferentes técnicas orientadas al mejoramiento de voz. El sistema de mejoramiento de audio en tiempo real está implementado sobre un dsPIC30F6014-I/PF el cual permite que el sistema tenga un alto rendimiento y eficiencia.

---

[*] Proyecto de grado
[**] Facultad de Electrónica, Ingeniería Electrónica, Asesor: MPE. Henry Arguello Fuentes

SUMMARY

Title: IMPROVENT SISTEM OF AUDIO USING DIGITAL SIGN PROCESSING TECHNIQUES[*]

Authors: JORGE ALBERTO ROJAS PARRA[**]
JORGE ALVEIRO ROJAS MENDOZA

Key Words: System, DSP, dsPIC, Improvemnt, Real time

Investigation line: DIGITAL PROSECUTION OF SIGNS AND DIGITAL ARCHITECTURES

Description:

The digital processing of signs in one area of the science and the engineering that has been developmed fastly in the last years. This fast developmed is the result of a very close relation among the theory, the applications and the technologies of realization of systems based in DSPs. The dsPIC are the new technology of digital sign processings that have determined characteristics making an adecuated processing to the processing of digital signs. These processors offen high benefits, low prices hanling easiness, high yield due to their hybrid architecture that take the facilities of programming of the microcontrollers and the processing speed of the DSP allowing the implementation of many applications like the voice recognition, the communications, domotic, and the improvemento of audio.

To the sign improvement of audio, there are several technique that offer different alternatives when one system is implemented having the capacity to reduce the noise levels presented in a voice sign. Each one of these methods have determine advantages and disadvantages. For this, it is important to know to choose the system type that wants implementing and to take the best decision.

The goal of this project was to design one improvement system of audio ising digital signs processing techniques. It pretends implementing a simulation tool in MATLAB and one system operating in real time. The simulation tool is supported in a graphic interface easy understanding and handling for the user which different techniques were implemented to improve the voice. The improvement system of audio in real time is implemented on a dsPIC 30F6014 – I/PF allowing that the system has a high yield and efficiency.

---

[*] Graduation Project
[**] Faculty of Electronics, Electronics Engineering, Assessor: MPE. Henry Arguello Fuentes

INTRODUCCIÓN

El procesado digital de señales es un área de la ciencia y la ingeniería que se ha desarrollado rápidamente durante los últimos treinta años. Este rápido desarrollo es el resultado de una relación muy estrecha entre la teoría, las aplicaciones y las tecnologías de realización de sistemas.

Como es bien sabido el procesamiento de señales trata de la representación, transformación y manipulación de señales y de la información que éstas contienen. Esta tecnología que se relaciona y se aplica a un amplio conjunto de disciplinas entre las que se encuentran las comunicaciones, la medicina, la exploración del espacio y la arqueología, entre muchas otras, resuelve un gran número de problemas facilitando el desarrollo de nuevos y mejores productos o sistemas[*], que van desde aplicaciones militares hasta productos de uso común como televisión avanzada, telefonía móvil y entretenimiento multimedia entre otros.

Con la contribución de este trabajo, se pretende abarcar parte de una de las áreas de mayor interés en la actualidad como lo es el proceso digital de la voz. Este tiene múltiples aplicaciones entre las que se encuentran: reconocimiento de locutores, identificación de órdenes de voz, interfaces hombre-máquina, sintetizadores de audio y mejoramiento de voz, siendo esta última la base del desarrollo de este trabajo.

---

[*] Un sistema puede ser definido como un dispositivo físico que realiza una operación sobre una señal [PROAKIS98]

En la actualidad el mejoramiento de señales es aplicado en gran magnitud a pistas musicales y documentales que han sido degradados por el paso del tiempo. El objeto de este proyecto es desarrollar un sistema de mejoramiento de señales de audio que pasan por algún tipo de elemento o dispositivo electrónico, que de alguna manera altera las propiedades originales de estas señales causando una degradación en la calidad e inteligibilidad del audio. Es por ello que se hace necesario conocer cómo se generan estas señales y cómo son percibidas por el aparato fonador y el sistema auditivo humano respectivamente. De esta forma, se busca observar los posibles cambios y mejoras que pueda presentar la señal una vez aplicado el respectivo procesamiento.

Esta herramienta sin embargo, no pretende ser un sistema de usuario final, sino una herramienta de simulación que muestre buenos resultados de mejoramiento de una señal de voz y que permita plantear una aproximación viable hacia un sistema de tiempo real que requiera la implementación de un canal de comunicación con un locutor o usuario que pueda experimentar cambios agradables en este proceso.

El principal objetivo de este trabajo fue diseñar un sistema de mejoramiento de señales de audio usando técnicas de procesamiento digital de señales.

Para alcanzar este objetivo se planeó cumplir con los siguientes objetivos específicos:

➤ Establecer una base teórica sobre la producción y captación de sonidos y las técnicas de tratamiento de señales de audio.

➢ Realizar un análisis y parametrización de las señales de audio en diferentes condiciones para determinar sus características más importantes.

➢ Diseñar e implementar una herramienta que mejore la calidad de una señal de audio usando el software MATLAB.

➢ Verificar y determinar las características de operación de dos de las técnicas de mejoramiento de señales de audio en un sistema basado en un procesador de señales digitales

El contenido de esta tesis se describe a continuación:

En el primer capítulo se presenta una base teórica sobre la producción y captación de sonidos en el ser humano.

En el segundo capítulo se registra una base teórica sobre la caracterización, análisis y técnicas de mejoramiento de señales de audio (voz).

En el capítulo tres se describe la herramienta desarrollada en MATLAB para el mejoramiento de las señales de voz. De igual forma se documenta sobre el formato de datos de almacenamiento de las señales procesadas mediante la herramienta diseñada. Los resultados obtenidos son descritos y analizados en la última parte de este capítulo.

En el cuarto y último capítulo se determinaron las características principales de operación para el mejoramiento de señales de audio en un sistema basado en un procesador de señales digitales, el cual fue seleccionado según criterios de rendimiento, capacidad de procesamiento y costo.
Para finalizar se exponen las conclusiones y recomendaciones.

1. PRODUCCIÓN Y PERCEPCION DE SONIDOS

El origen de un problema es siempre un punto importante para poder conseguir una solución satisfactoria del mismo. Si lo que se busca, es mejorar señales producidas al hablar que pasan por algún tipo de elemento o dispositivo electrónico que de alguna manera altera las propiedades originales de estas señales, en primer lugar, se debe conocer cómo es generada dicha señal y cuál sería la forma adecuada para captarla y analizarla, de esta forma, oír correctamente los mensajes que otros locutores envían. Al mismo tiempo que se va presentando la generación y la captación de sonidos por parte del ser humano, se clasificará brevemente los diferentes sonidos que el ser humano puede producir. Esto facilitará el entendimiento en puntos posteriores de las soluciones y problemas que se vayan presentando. Con todo ello se estará preparado para entrar de lleno en el tema principal que se está tratando: mejoramiento de señales de audio usando técnicas de procesamiento digital de señales.

1.1 PRODUCCIÓN DE SONIDOS

El diccionario de la Real Academia Española define el sonido como: "sensación producida en el órgano del oído por el movimiento vibratorio de los cuerpos, transmitido por un medio elástico, como el aire"

Estudiar el comportamiento del aparato fonador humano podría asemejarse con lo que ocurre cuando se utiliza un equipo reproductor de música. Ambos sistemas pueden dividirse de manera sencilla en tres bloques principales [FLA72, FUR89]:

➢ Generador (fuente)

- Articulador (moldeador)
- Radiador (emisor)

En primer lugar, está la parte encargada de la generación de los sonidos, (pulmones, cuerdas vocales entre otros, lo que se asemeja a un reproductor de discos) sin los cuales no habría ninguna producción de sonido. Seguido a esto, se deben moldear los sonidos que se generan: en un caso se coloca un ecualizador para ajustar, de acuerdo a los gustos de cada uno, los diferentes sonidos que saldrán hacia los altavoces. En el otro caso, el de más interés, está todo lo que representa el tracto vocal (principalmente las cavidades oral o bucal y nasal) el cual da la capacidad de entonación. Por último está el bloque radiante, que corresponde con los altavoces o la parte final de las cavidades oral y nasal por donde se expulsa el sonido en forma de ondas de presión sonora. A continuación se explica de una manera más detallada el sistema generador de sonidos:

El aparato vocal, tal y como se muestra en la Figura 1, está formado por el diafragma, los pulmones, la tráquea, la laringe, la faringe, la lengua y las cavidades oral (o bucal) y nasal. Es en la laringe donde empieza la parte de interés: El tracto vocal, que adopta diferentes formas en función de las posiciones relativas de la mandíbula, la lengua, los labios y otras partes internas.

Figura 1. Aparato fonador humano

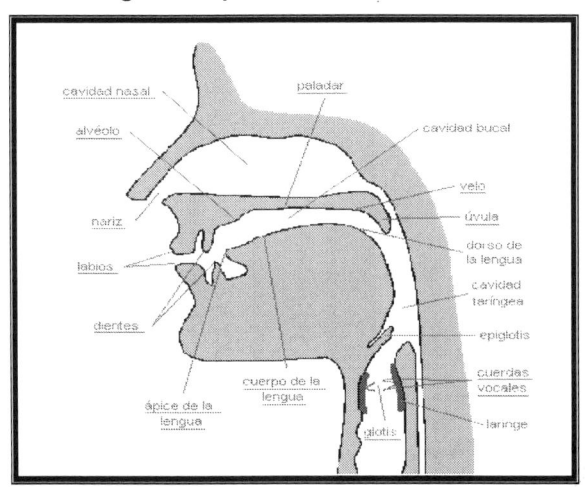

Fuente: UNIVERSIDAD DEUSTO. Fonética. [en línea]. Deusto: Google, 2005. Disponible en Internet URL: http://paginaspersonales.deusto.es/airibar/Fonetica/Apuntes/02.html&h=320&w=296&sz=17&hl=es&start=7& tbnid=NAJdt1lwQfu5M:&tbnh=118&tbnw=109&prev=/images%3Fq%3Daparato%2Bfonador%26svnum%3D 10%26hl%3Des%26lr%3Dlang_es%26sa%3DN

Como ya se ha señalado, todo se inicia en los pulmones: El aire sale expulsado de ellos hacia la laringe (atravesando la tráquea y la glotis) a diferente presión en función del sonido que se pretenda generar. La glotis separa las cuerdas vocales y se mantiene abierta mientras se está respirando, pero en el momento de producir sonidos se va estrechando, de manera intermitente, cerrando el paso del aire. Este movimiento de apertura y cierre de la glotis (apertura y cierre de las cuerdas vocales) está asociado con la capacidad de entonación que se va dando a las conversaciones sostenidas por una persona. La velocidad con la que las cuerdas vocales se cierran y abren está ligada con lo que se da a conocer como la frecuencia fundamental (o su inverso el periodo fundamental).

Tras superar la glotis el aire se acerca al tracto vocal, que va variando su forma con una determinada velocidad en función de los sonidos que se desean producir. Los órganos fono-articuladores (lengua, labios, mandíbulas, velo del paladar) actúan como resonadores, variables que favorecen o neutralizan componentes espectrales de la onda de presión que hasta aquí haya llegado. Las resonancias que se producen tienen su energía concentrada alrededor de unas frecuencias, conocidas como formantes. El concepto formantes es de vital importancia en cualquier tema relacionado con el análisis o síntesis de la señal vocal, dado que en ellos está concentrada la mayor parte de la información psicoacústica existente en la señal y que permite la comprensión del mensaje oral contenido en ella.

1.1.1 Clasificación de los sonidos de la voz. Los sonidos emitidos por el aparato fonador pueden clasificarse de acuerdo con diversos criterios que tienen en cuenta los diferentes aspectos del fenómeno de emisión. Estos criterios son:

- Según su carácter vocálico o consonántico.
- Según su oralidad o nasalidad
- Según su carácter tonal (sonoro) o no tonal (sordo)
- Según el tipo de articulación
- Según el modo de articulación
- Según la posición de los órganos articulatorios
- Según la duración

1.1.1.1 Vocales y consonantes: Desde un punto de vista mecano-acústico, las *vocales* son los sonidos emitidos por la sola vibración de las cuerdas vocales sin ningún obstáculo o dilatación entre la laringe y las aberturas oral y nasal. Dicha vibración se genera por el principio del oscilador de relajación, donde interviene una fuente de energía constante en la forma de un flujo de aire proveniente de los pulmones. Son siempre sonidos de carácter tonal (cuasiperiódicos), y por consiguiente de espectro discreto. Las consonantes, por el contrario, se emiten interponiendo algún obstáculo formado por los elementos articulatorios. Los sonidos correspondientes a las consonantes pueden ser tonales o no dependiendo de si las cuerdas vocales están vibrando o no. Funcionalmente, en el castellano las vocales pueden constituir palabras completas, mientras que las consonantes no.

1.1.1.2 Oralidad y nasalidad: Los fonemas en los que el aire pasa por la cavidad nasal se denominan nasales, en tanto que aquéllos en los que sale por la boca se denominan orales. La diferencia principal está en el tipo de resonador principal por encima de la laringe (cavidad nasal y oral, respectivamente). En castellano son nasales sólo las consonantes "m", "n", "ñ"

1.1.1.3 Tonalidad: Los fonemas en los que participa la vibración de las cuerdas vocales se denominan tonales o, también, sonoros. La tonalidad lleva implícito un espectro cuasi periódico. Como se definió anteriormente, todas las vocales son tonales, pero existen varias consonantes que también lo son: "b", "d", "m", etc. Aquellos fonemas producidos sin vibraciones glotales se denominan sordos. Varios de ellos son el resultado de la turbulencia causada por el aire pasando a gran velocidad por un espacio reducido, como las consonantes "s", "z", "j", "f".

1.1.1.4 Tipo y modo de articulación: La articulación es el proceso mediante el cual alguna parte del aparato fonatorio interpone un obstáculo para la circulación del flujo de aire proveniente de los pulmones. Las características de la articulación permiten clasificar las consonantes. Los órganos articulatorios son los labios, los dientes, las diferentes partes del paladar (alvéolo, paladar duro, paladar blando o velo), la lengua y la glotis. Salvo la glotis, que puede articular por sí misma, el resto de los órganos articulan por oposición con otro. Según el lugar o punto de articulación se tienen fonemas de tipo:

- **Bilabiales:** oposición de ambos labios
- **Labiodentales:** oposición de los dientes superiores con el labio inferior
- **Linguodentales:** oposición de la punta de la lengua con los dientes superiores
- **Alveolares:** oposición de la punta de la lengua con la región alveolar
- **Palatales:** oposición de la lengua con el paladar duro
- **Velares:** oposición de la parte posterior de la lengua con el paladar blando
- **Glotales:** articulación en la propia glotis

A su vez, para cada punto de articulación ésta puede efectuarse de diferentes modos, dando lugar a fonemas de tipo:

- **Oclusivos:** la salida del aire se cierra momentáneamente por completo
- **Fricativos:** el aire sale atravesando un espacio estrecho
- **Africados:** oclusión seguida por fricación
- **Laterales:** la lengua obstruye el centro de la boca y el aire sale por los lados
- **Vibrantes:** la lengua vibra cerrando el paso del aire intermitentemente
- **Aproximantes:** La obstrucción muy estrecha que no llega a producir turbulencia.

1.2 ELEMENTOS DEL HABLA

1.2.1 Timbre y frecuencia armónica. El timbre es la cualidad gracias a la cual se puede diferenciar el sonido emitido por una persona de otra, aunque estén hablando lo mismo, es decir, aunque los dos emitan el mismo sonido con la misma frecuencia se pueden diferenciar gracias a su timbre característico. Sin embargo, al pronunciarse una palabra, se hace la combinación de sonidos vocálicos y consonánticos, debido a que el timbre en las vocales es el mismo, esto permite que la diferencia entre un locutor y otro no sea tan marcada. Este fenómeno es debido a que un sonido no está formado solo de una frecuencia, sino por la suma de otras que son múltiplos de la frecuencia fundamental. Estas otras frecuencias varían en intensidad y son llamados armónicos. La proporción e intensidad de estos armónicos son diferentes en cada uno y es por ello que se pueden diferenciar [CALDERON02].

1.2.2 Intensidad y sonoridad. La intensidad es una magnitud física, por definición, es la energía sonora transportada por unidad de tiempo que atraviesa un área perpendicular a la dirección de propagación. Más concretamente se refiere a la potencia acústica por unidad de superficie y se expresa en W/m^2. La sensación subjetiva de la intensidad se define como "sonoridad" y depende de la frecuencia, ancho de banda y duración del sonido. Según Fechner y Weber la sensación subjetiva de la intensidad es proporcional a la intensidad según la ecuación:

$$n = \frac{10 \log I}{Io} \qquad [1]$$

Donde,

n: Nivel de sonoridad en (dB).

I : Intensidad del sonido.

Io: Valor de la intensidad umbral que percibe el oído humano equivalente a $2*10E-4$ bar de presión sonora.

Dado que la sonoridad define un fenómeno subjetivo de gran amplitud, con unos valores extremos muy alejados, es necesario utilizar una unidad más manejable y objetiva. Para ello se utiliza una escala comprimida, logarítmica en lugar de lineal. La cantidad varia en una relación de 1:100.000.000, es por ello que se utiliza una escala logarítmica, siendo la unidad de dicha escala el Belio. El Belio resulta ser una unidad demasiado grande en la práctica por lo que habitualmente se utiliza la décima parte, el decibelio (dB). Éste está referido a un nivel de referencia predeterminado y se utiliza para expresar ganancias o relaciones de potencia:

$$dB = 10\log\frac{P_0}{P_i}$$ [2]

Donde,

P_i : Potencia de entrada.
P_0 : Potencia de salida.

En acústica se emplea el decibelio (dB) para medir niveles de presión sonora referidos a un nivel definido Ps. Entonces se define el nivel de presión sonora P como el número de decibelios que P se halla por encima de Ps. El nivel de referencia de presión acústica Ps adoptado universalmente es el correspondiente al umbral de audición humana, es decir, $2*10E-4$ bar, equivalente a 0dB SPL (Nivel de Presión Sonora) [CALDERON02].

1.2.3 Tono / Frecuencia. Aunque entre los dos términos exista una muy estrecha relación, no se refieren al mismo fenómeno. El tono es una magnitud subjetiva y se refiere a la altura o gravedad de un sonido. Sin embargo la frecuencia es una magnitud objetiva y mensurable referida a formas de onda periódicas. El tono de un sonido aumenta con la frecuencia, pero no en la misma medida.

Con la frecuencia se mide el número de vibraciones, su unidad de medida es el hertzio (Hz), para expresar una frecuencia se hace refiriéndose a vibraciones por segundo. Así, una frecuencia de un hertzio es lo mismo que decir que el sonido tiene una vibración por segundo.

1.3 SISTEMA AUDITIVO HUMANO

En una forma altamente simplificada [Ber69], el sonido que se percibe entra al oído por el canal auditivo externo (lo que se suele conocer como oído externo) o pabellón auditivo que juega en el ser humano el mismo papel que una parábola en un sistema de recepción vía radio. Es en este punto en el que el ser humano es capaz de discernir la altura y la dirección de la que proviene el sonido que se está captando [All85]. A partir de este punto se encuentra un tubo de un diámetro aproximado de 0.7 cm. y una longitud de aproximadamente 2.7 cm. Tras atravesar la estrecha membrana que es el tímpano, se ubica el oído medio, en el que se encuentran tres pequeños huesos, estrechamente ínter-acoplados (martillo, yunque y estribo). Está ampliamente aceptado que la principal función del oído medio es la adaptación de impedancias entre los dos medios tan dispares que separa. Finalmente se llega a la parte más importante, el oído interno, donde se encuentra la cóclea, en forma de espiral y con una longitud aproximada de 35mm, con una sección de unos 4 mm^2 en el extremo exterior, que se reduce a 0.5 mm^2 en la parte interna. En el interior de la cóclea está ubicada una membrana gelatinosa, llamada membrana basilar, que tiene un grosor mayor donde la cóclea es más estrecha. Conectados a ella están decenas de millares de terminaciones nerviosas [FLA72, AMB89]. Las ondas de presión se propagan por este medio, alcanzando un punto máximo en lugares diferentes en función de la frecuencia fundamental de la onda de presión, con lo que se logra excitar un nervio diferente: La membrana basilar actúa, en forma de un extenso banco de filtros que es capaz de descomponer parcialmente la señal entrante en sus diferentes componentes frecuenciales. En la figura 2, se observa la posición de los diferentes elementos con los que deben enfrentarse las ondas de presión en el oído humano.

Figura 2. Representación del oído humano

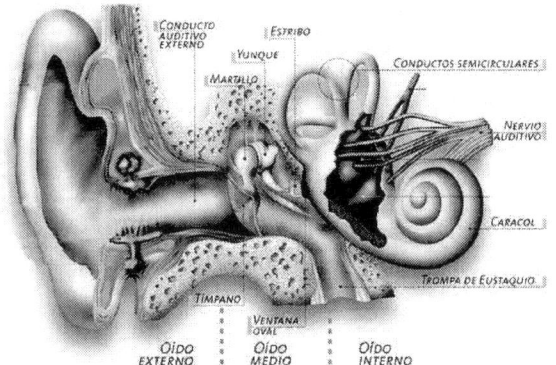

Fuente: LA TERCERA ICARITO. La audición. [En línea] Madrid: Google, 2002. Disponible en Internet URL: http://icarito.latercera.cl/infografia/chumano/sentidos03/oido.htm

Haciendo énfasis en la capacidad del sistema auditivo de discriminar frecuencias y sonidos, un punto vital de éste es el efecto de enmascaramiento* [O'S87], según el cual la percepción de los sonidos se ve impedida por la presencia de otros sonidos. El enmascaramiento puede ser frecuencial si los dos sonidos se producen simultáneamente: El sonido de menor frecuencia enmascara el sonido de mayor frecuencia. Por otro lado, se tiene el enmascaramiento temporal, si los dos sonidos se producen con un cierto retraso. El efecto del enmascaramiento es de vital importancia dada su aportación a la no linealidad del sistema auditivo y perceptivo humano.

Cuando el ancho de banda** (del ruido) es nulo, el enmascaramiento naturalmente también lo es. A medida que se aumenta el ancho de banda, el nivel de enmascaramiento (M, medido en decibelios) va aumentando de forma directamente relacionada con el logaritmo del ancho de banda hasta alcanzar el valor crítico Δfc. A partir de este punto ya no se tiene ningún

---

* Se define el nivel de enmascaramiento como los decibelios (de potencia) en que debemos aumentar el nivel de un tono (puro) para oírlo en presencia de otro.
** Se define ancho de banda como $\Delta f = fb - fa$, donde; fb= frec. Superior, fa= frec. inferior

aumento del enmascaramiento. Si la frecuencia del tono varía, su ancho de banda critico Δfc, también varía, en el mismo sentido. Por lo tanto, si alguien está escuchando un tono puro en presencia de ruido de fondo, no se logra nada con el uso de filtros para eliminar el ruido de fondo, a menos que el ancho de banda de dichos filtros sea menor que el ancho de banda crítico.

Una banda crítica puede considerarse como un filtro pasa banda cuya respuesta al impulso coincide, dicho ligeramente, con la respuesta de enmascaramiento de las neuronas auditivas. Al definir un intervalo de frecuencias, en el que la percepción psicoacústica se ve modificada de manera abrupta. Cuando se tienen dos sonidos compitiendo en una determinada banda critica, el que tenga mayor energía predominará en la percepción y enmascarara a su competidor. Si ahora se tiene un ruido con determinado ancho de banda, la percepción que se tiene del mismo es la misma a medida que se vaya aumentando su ancho de banda, hasta que se traspase el nivel de la banda critica, momento en el que se activarán más neuronas, y por lo tanto, se percibirá un nivel de ruido mayor. Los filtros correspondientes a las bandas críticas son aproximadamente simétricos en una escala lineal de frecuencias. El ancho de banda crítico es constante y aproximadamente igual a 100Hz para las neuronas de baja frecuencia (por debajo de 500Hz). A partir de este punto, con el aumento de la frecuencia, el ancho de banda crítico también va aumentando, de manera aproximadamente logarítmica por encima de 1KHz como se muestra en la figura 3.

La escala Bark está representada matemáticamente por la siguiente ecuación:

$$Bark = 13\arctan\left(\frac{0.76f}{1000}\right) + 3.5\arctan\left(\left(\frac{f}{7500}\right)^2\right) \qquad [3]$$

Figura 3. Distribución frecuencial para cada una de las bandas de la escala Bark

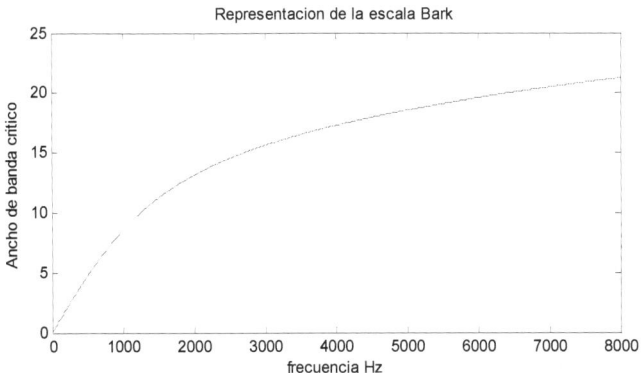

Fuente: Autores del proyecto

1.3.1 Sistema de percepción. Es en la cóclea donde ocurre la transformación de energía mecánica en eléctrica mediante un fenómeno mecánico-químico-eléctrico que tiene lugar en la membrana basilar. Al hundirse la platina del estribo dentro del espacio perilinfático produce movimientos en este líquido, el cual se transmite a lo largo del laberinto membranoso formando torbellinos que se extienden hasta el helicotrema. Debido a la resistencia ejercida por las distintas paredes y al impulso mecánico de progresión, se generan presiones en la endolinfa a través de la membrana de Reissner y en la basilar que está situada debajo de ella.

Esta energía bioeléctrica es conducida por el VIII par craneal[*] a los centros nerviosos y de ahí a las localizaciones acústicas de la corteza cerebral, en la cual se integran los sonidos tomando conciencia de la imagen acústica. Se

---
[*] Nervio Vestibulococlear, que mantiene relación con el vestíbulo y la cóclea, por lo que interviene tanto en los procesos de equilibrio como los de audición

debe recordar que cada persona es diferente y su cerebro procesa las sensaciones también en forma individual. Una manera didáctica de representar el funcionamiento del oído se muestra en la figura 4.

El oído y un micrófono incorporado en la tarjeta de sonido de un computador se comportan de manera similar. Ambos transforman pequeñas variaciones en la presión del aire en señales eléctricas que pueden ser comprendidas y almacenadas por sus respectivos "cerebros" (ya sea el humano o la CPU del computador). Esta señal eléctrica puede ser guardada, manipulada o reproducida mediante los medios electrónicos adecuados.

Figura 4. Funcionamiento del oído

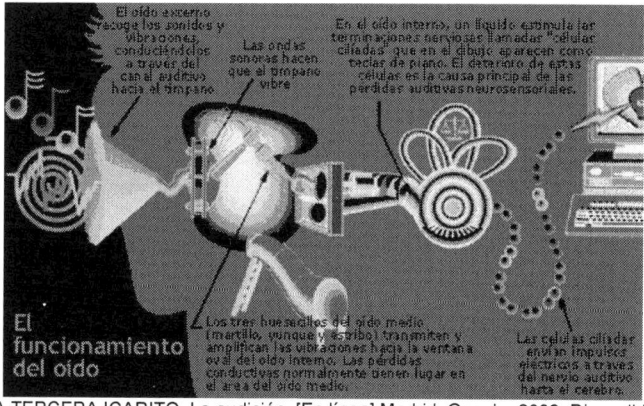

Fuente: LA TERCERA ICARITO. La audición. [En línea] Madrid: Google, 2002. Disponible en Internet URL: http://icarito.latercera.cl/infografia/chumano/sentidos03/oido.htm

1.4 SEÑALES AUDITIVAS

Las señales auditivas son todas aquellas sensaciones percibidas por el órgano del oído, producidas por movimiento ondulatorio en un medio elástico (normalmente el aire), debido a rápidos cambios de presión, generados por el movimiento vibratorio de un cuerpo sonoro. Las señales auditivas se encuentran en un rango de frecuencias definido desde 20 Hz hasta 20000 Hz.

1.4.1 El sonido. Una vez entendido el concepto de las señales de audio se realizará un enfoque sobre el sonido. Para este propósito se establecerá una reseña de conceptos elementales para el discernimiento del mismo.

El sonido es una vibración que se propaga a través del aire, gracias a que las moléculas de este transmiten la vibración hasta que llega a los oídos. Se aplican los mismos principios que cuando se lanza una piedra a un estanque: la perturbación de la piedra provoca que el agua se agite en todas las direcciones hasta que la amplitud de las ondas es tan pequeña, que dejan de percibirse. Una perturbación que viaja a través del aire se denomina *onda* y la forma que adopta ésta se conoce como forma de onda.

1.4.1.1 Magnitudes físicas del sonido: Como todo movimiento ondulatorio, el sonido puede representarse por una curva ondulante, como por ejemplo una sinusoide, debido a esta característica se aplican las mismas magnitudes y unidades de medida que para cualquier onda.

➢ **Longitud de onda:** Indica el tamaño de una onda; entendiendo por tamaño de la onda, la distancia entre el principio y el final de una onda completa (ciclo).
➢ **Frecuencia:** Número de ciclos (ondas completas) que se producen por unidad de tiempo. En el caso del sonido la unidad de tiempo es el segundo y la frecuencia se mide en hertzios (Ciclos/s).
➢ **Periodo:** Es el tiempo que tarda cada ciclo en repetirse.
➢ **Amplitud:** Indica la cantidad de energía que contiene una señal sonora.
➢ Fase: La fase de una onda expresa su posición relativa con respecto a otra onda.

➢ **Potencia:** La potencia acústica es la cantidad de energía radiada en forma de ondas por unidad de tiempo por una fuente determinada. La potencia acústica depende de la amplitud.

1.4.1.2 Características del sonido: Las características del sonido se denotan a continuación:

➢ **Tono:** Está determinado por la frecuencia fundamental de las ondas sonoras y permite distinguir entre sonidos graves, agudos o medios.

➢ **Intensidad:** Es la cantidad de energía acústica que contiene un sonido. La intensidad viene determinada por la potencia, que a su vez está determinada por la amplitud.

➢ **Timbre:** Es la cualidad que confiere al sonido los armónicos que acompañan a la frecuencia fundamental. Esta cualidad es la que permite distinguir dos sonidos, por ejemplo, entre la misma nota con igual intensidad producida por dos instrumentos musicales distintos.

➢ **Duración:** Esta cualidad está relacionada con el tiempo de vibración del objeto. Por ejemplo, podemos escuchar sonidos largos, cortos, muy cortos, etc.

1.4.2 Ruido. El proceso de transmisión y recepción de señales siempre tiene involucrada perturbaciones e interferencias no deseadas, que son producidas por señales ajenas a las mismas. Estas señales ajenas son las que ocasionan el ruido en los sistemas de comunicación, dado a que éstas generalmente no son deseadas porque producen una distorsión o degradación en la recepción de la señal original. De igual forma que el sonido, el ruido tiene dos características definidas: energía y frecuencia. Las señales que producen ruido en estos sistemas son de origen aleatorio y entre distintas fuentes de ruido, se les puede clasificar en:

- Ruido Aditivo o Acústico
- Ruido Convolucional
- Ruido de Distorsión

1.4.2.1 Ruido aditivo o acústico: No existe una definición inequívoca de ruido. De forma amplia, se define como ruido cualquier sonido no deseado que puede interferir la recepción de un sonido.

Así, el ruido aditivo o acústico es aquel ruido producido por la mezcla de ondas sonoras de distintas frecuencias y distintas amplitudes. La mezcla se produce a diferentes niveles ya que se conjugan tanto las frecuencias fundamentales como los armónicos que las acompañan. La representación gráfica de este ruido es la de una onda sin forma (la sinusoide ha desaparecido).

Para propósitos de mejoramiento de audio, estos ruidos aditivos o acústicos pueden ser clasificados en dos categorías generales: En función de la intensidad y en función de la frecuencia

- Tipos de ruidos según la intensidad y el periodo

- **Ruido continuo o constante**

El ruido continúo o constante es aquel ruido cuya intensidad o nivel de presión sonora permanece constante o presenta pequeñas fluctuaciones a lo largo del tiempo. Estas fluctuaciones deben ser menores de 5 dB durante el periodo de observación.

- **Ruido fluctuante**

El ruido fluctuante es aquel ruido cuya intensidad o nivel de presión sonora fluctúa (varia) a lo largo del tiempo. Las fluctuaciones pueden ser periódicas o aleatorias.

- **Ruido impulsivo**

El ruido impulsivo es aquel ruido cuyo nivel de presión sonora se presenta por impulsos. Se caracteriza por ascenso brusco del ruido y una duración total del impulso muy breve en relación al tiempo que transcurre entre impulsos. Estos impulsos pueden presentarse repetitivamente en intervalos iguales de tiempo o bien aleatoriamente.

➢ Tipos de ruidos según la frecuencia

- **Ruido blanco**

El ruido blanco, denominado así por asociación con la luz blanca, se caracteriza por su distribución uniforme en el espectro audible (20 Hz a de 20 kHz). El ruido blanco es una señal aleatoria con densidad espectral de potencia plana, lo que significa que su intensidad (amplitud de sonido) es constante para todas las frecuencias, esto significa que se tiene igual potencia para cualquier banda de frecuencias. Está totalmente descorrelacionado, es decir, su valor en dos momentos cual quiera no está relacionado.

Figura 5. Ruido blanco

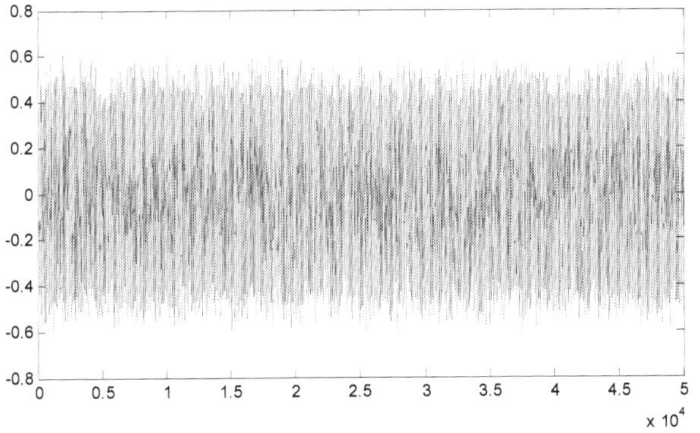

Fuente: Autores del proyecto

- **Ruido rosa**

Este ruido es una señal o un proceso con un espectro de frecuencias tal que su densidad espectral de potencia es proporcional a la relación de su frecuencia. Su contenido de energía por frecuencia disminuye en 3dB por octava. Esto hace que cada banda de frecuencias de igual anchura (en octavas) contenga la misma energía total. Por el contrario, el ruido blanco que tiene la misma intensidad en todas las frecuencias, transporta más energía total por octava cuanto mayor es la frecuencia de ésta. Por ello, mientras el timbre del ruido blanco es silbante como un escape de vapor (como "Pssss..."), el ruido rosa es más apagado al oído (similar a "Shhhh...").

Figura 6. Ruido rosa

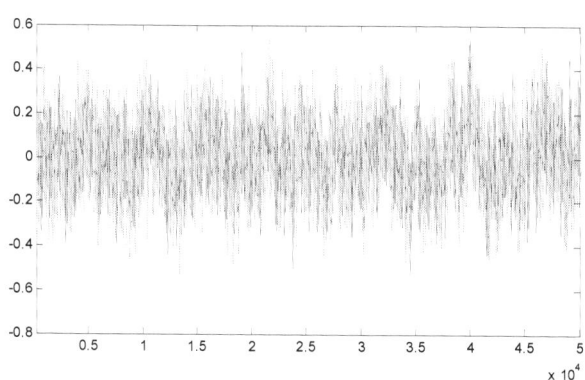

Fuente: Autores del proyecto

- **Ruido marrón**

No es un ruido muy común, pero existente en la naturaleza. El ruido marrón está compuesto principalmente por ondas graves y medias.

Fonéticamente: /Jfjfjfjfjfjfjfjfjf/ .

1.4.2.2 Ruido convolucional: El segundo tipo de ruido es el convolucional. Estos ruidos son el resultado directo de la acústica del cuarto o salón y sólo existe si hay una fuente de sonido. Si una persona habla o alguna fuente de ruido aditivo está presente, dependiendo de la acústica del cuarto, puede haber un eco o reverberación* el cual es un ruido convolucional. Este puede llegar a ser tan fuerte que no permite oír la señal de audio deseada.

1.4.2.3 Distorsión: El tercer tipo de ruido es la distorsión. Los equipos empleados para la grabación o captación se encargan de introducir esta clase de ruido. El uso de micrófonos no adecuados, el cableado defectuoso,

---

* Reverberación, persistencia del sonido tras la extinción de la fuente sonora debido a las múltiples ondas reflejadas que continúan llegando al oído.[1] Un eco es una onda sonora reflejada.

tarjetas en mal estado, conectores con desperfectos, baterías bajas, contribuyen al incremento de la distorsión. Cabe resaltar que no es posible reducir la distorsión, sin alterar los sonidos captados físicamente, sin embargo la distorsión tiene un efecto mínimo en la inteligibilidad de la voz.

2. MEJORAMIENTO DE SEÑALES DE AUDIO

El mejoramiento de audio involucra estrictamente la representación, transformación y manipulación de señales auditivas con el objetivo de realizar modificaciones que sirvan para incrementar la inteligibilidad de un mensaje.

En la actualidad el mejoramiento de audio involucra microprocesadores múltiples que realizan millones, incluso miles de millones, de operaciones matemáticas por segundo. Estas ecuaciones matemáticas, o algoritmos, realizan análisis digitales sofisticados de audio para la modificación de la señal con el fin de reducir aquellos componentes que son determinados como indeseables.

2.1 ANÁLISIS Y SÍNTESIS DE VOZ

Las aplicaciones y síntesis de la voz incluyen sistemas telefónicos, codificación, compresión de datos, correo de voz, estaciones de trabajo y redes de comunicaciones. La síntesis de voz incluye varios conceptos tales como formantes, articulación, predicción lineal, sintetizadores y sistemas de texto a voz. Una aplicación de la síntesis de voz es llamada conversión de voz, donde el objetivo es sintetizar una voz con características deseadas. Por ejemplo se puede desear crear una voz que se escuche como la de Mickey Mouse. Para realizar esta tarea se puede intentar convertir la voz de un hablante que se escuche como la de otro hablante mediante la transformación o conversión de los parámetros del primero a los parámetros del segundo. La síntesis de texto a voz requiere reglas de síntesis de voz las cuales incluyen pautas para conversiones de texto a fonemas, fonemas a características, características a parámetros y parámetros a voz. Otra aplicación es el reconocimiento, identificación o verificación del hablante. Los sistemas de comunicación hombre-máquina que están siendo desarrollados incluyen métodos para acomodar la entrada de voz para múltiples tipos de voz, múltiples dialectos o acentos. Estos sistemas pueden ser dependientes o independientes del hablante. Las aplicaciones incluyen máquinas operadas por voz, mensajes de voz, correo de voz, etc.

Algunas aplicaciones computacionales recientes para correo electrónico y Web están examinando el uso de segmentos concatenados de voz para la síntesis de voz. Esto es una vieja aproximación que ha sido revitalizada dado que el poder computacional es ahora mucho menos costoso que años anteriores y el almacenamiento es mayor.

Existen varios sistemas de voz, incluyendo comunicaciones, codificación para transmisión eficiente de datos, almacenamiento, compresión y seguridad. La síntesis puede ser usada para el canto y la música, así como para el habla. Las técnicas de análisis y medición son usadas para la representación paramétrica del habla, así como para el modelamiento científico, codificación y estudio de la inteligibilidad, naturalidad y calidad.

2.1.1 Análisis del habla. Un objetivo primario del análisis del habla es parametrizar la señal de la voz para reducir el ancho de banda y caracterizar la señal de voz con pocos parámetros. Los procedimientos de análisis en el dominio del tiempo incluyen enventanamiento de datos para examinar segmentos cortos (tramas) que se presumen ser estacionarios sobre el intervalo de tiempo enventanado.

Las características específicas de la onda de voz que comúnmente se examinan son la energía y magnitud, la tasa de cruces por cero y la función de autocorrelación. Estas características son útiles en la segmentación y la clasificación de los segmentos del habla. La clasificación (etiquetamiento) puede ser tan simple como sonoro o sordo, o puede ser tan complicada como la identificación de fonemas específicos. Los procedimientos de análisis en el dominio de la frecuencia incluyen varios algoritmos de análisis espectral y el espectrograma. Los algoritmos de análisis espectral incluyen la predicción lineal (o auto-regresión) movimiento promedio y una combinación de ellos.

Otro objetivo del análisis de la voz es determinar la frecuencia fundamental de la voz, la cual es comúnmente llamada "pitch". La frecuencia fundamental de la voz es una característica física que se mide como se mediría la frecuencia de una sinusoide o de un tono. Sin embargo, el pitch es una sensación. En general, cuando se incrementa la frecuencia de un tono, escuchamos un aumento en pitch. Y similarmente para un decremento en la frecuencia del tono. El pitch es un fenómeno psicológico y se mide preguntando a los receptores para hacer juicios sobre los cambios de frecuencia que ellos escuchan. No obstante, los términos frecuencia fundamental de la voz y pitch a menudo se usan indistintamente. El pitch es una característica crítica en la síntesis y reconocimiento de voz. Consecuentemente hay dos tipos básicos de análisis: análisis asincrónicos de pitch, el cual usa una longitud de trama fija de datos para el análisis; y el análisis sincrónico de pitch, donde las tramas de análisis de datos varían dinámicamente con el periodo del pitch. Una gráfica de la frecuencia del pitch (frecuencia fundamental de la voz) vs., tiempo se llama frecuentemente contorno de pitch.

Otro objetivo del análisis del habla es medir las resonancias del tracto vocal. Estas resonancias son llamadas frecuencias formantes o simplemente formantes. Una gráfica de las formantes vs., tiempo se llama trayectorias de formantes o contornos de formantes. De una manera similar hay contornos de ganancias de los modelos del tracto vocal así como contornos para sonidos de excitación sonoros/sordos/mixtos, nasalización, fricación, aspiración y silencio. Para realizar la medición de tales contornos se requieren métodos para detectar y clasificar varias características del habla.

2.1.2 Técnicas de análisis. La extracción y selección de parámetros es un proceso que convierte la señal de voz [Lle90] en una representación parametrizada. Algunos de dichos sistemas de análisis clásicos se basan en las siguientes medidas:

- Energía y magnitud
- Cruces por cero
- Autocorrelación
- Técnicas de análisis espectral
  - Transformada de Fourier
  - Análisis cepstral
  - Banco de filtros

Figura 7. Técnicas de análisis (a) Energía. (b) Cruces por cero. (c) Máximos y mínimos

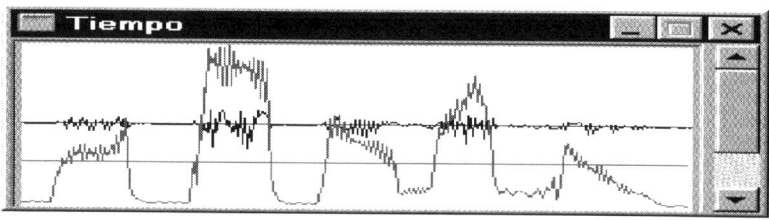

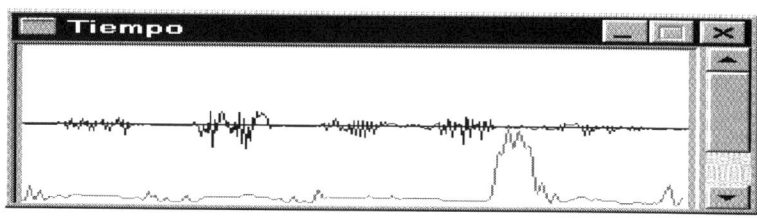

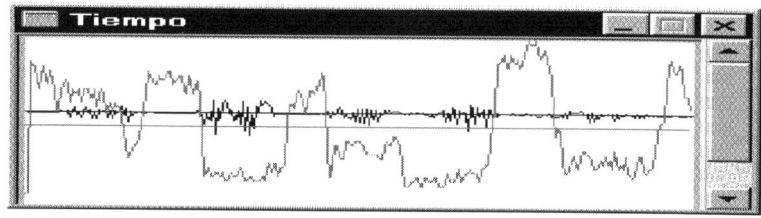

Fuente: BERNAL, Jesús. BOBADILLA, Jesús. GOMEZ, Pedro. Reconocimiento de voz y fonética acústica. México: Alfaomega, 2000. 144 P.

2.1.2.1 Energía y magnitud: Tanto la energía como la magnitud son útiles para distinguir segmentos sordos y sonoros en la señal de voz, dado que los valores de ambas características aumentan en los sonidos sonoros respecto a los sordos.

En la gráfica de la figura 7a se representa la función de energía de la palabra "hipotenusa". Como se puede observar, los valores de mayor energía corresponden con los segmentos vocálicos de la señal, mientras que en las consonantes oclusivas ocurre lo contrario.

La magnitud se expresa como:

$$M_{(n)} = \frac{1}{N} \sum_{m=0}^{N-1} |x(m)| * w(n-m) \qquad [4]$$

La energía se expresa como:

$$E_{(n)} = \frac{1}{N} \sum_{m=0}^{N-1} x(m)^2 w(n-m) \qquad [5]$$

Siendo N el tamaño de la ventana. Estas funciones dan una idea de la amplitud de la señal en un intervalo considerado, por ello su valor aumenta en los sonidos sonoros, en los que el aire encuentra menos impedimentos para salir de los órganos articulados.

2.1.2.2 Cruce por cero: Los cruces por cero indican el número de veces que una señal continua toma el valor de cero. Para señales discretas, un cruce por cero ocurre cuando dos muestras consecutivas difieren de signo, o bien una muestra toma el valor nulo.

Habitualmente, las señales con mayor frecuencia presentan un mayor valor en esta característica, el ruido también genera un gran número de pasos por cero, por lo que una utilización paráctica consiste en analizar las señales grabadas desde esta óptica para comprobar su calidad.

Desde un punto de vista acústico con los cruces por cero se puede intentar detectar las fricaciones del habla. En la figura 7b se representa la gráfica que, sin ningún género de dudas, localiza la fricación de la "s" en la palabra "hipotenusa".

El problema que representan los cruces por cero es la sensibilidad que se da a las componentes continuas de la señal. Se puede encontrar una estimador alternativo contabilizando los máximos o mínimos que existen en la señal de voz. La imagen de la figura 7c representa esta característica, que como se puede apreciar, resulta muy adecuada para diferenciar los sonidos sonoros del resto de la señal (incluido el silencio).

2.1.2.3 Autocorrelación: La función de autocorrelación localizada mide el parecido de la señal consigo misma en función de una variable desplazamiento, *k*. Así, para tramos sonoros (es decir, cuasi-periódicos), cuando el desplazamiento *k* coincide con el periodo fundamental la autocorrelación alcanza un máximo; por tanto, se puede determinar el periodo a partir de la posición del máximo correspondiente. Concretamente, la función de autocorrelación (localizada) $R_n(k)$ viene definida por:

$$R_n(k) = \sum_{m=-\infty}^{\infty} s(m) w(n-m) s(m-k) w(n-m-k) \qquad [6]$$

Asimismo, se puede verificar que:

> La función de autocorrelación localizada es par y simétrica:

$$R_n(k) = R_n(-k) \qquad [7]$$

> Tiene un máximo absoluto en $k=0$, esto es $R_s(0) \geq R_s(k), \forall k$
> $R_n(0)$ es igual a la energía (en señales determinísticas) o a la potencia media (en señales periódicas o aleatorias).
> Para valores de desplazamiento k iguales al periodo de la señal, la autocorrelación tendrá un máximo local, por lo que la autocorrelación de señales periódicas será también una señal periódica del mismo periodo.

2.1.2.4 Técnicas de análisis espectral

> **Transformada de Fourier**

La transformada de Fourier es una herramienta de análisis muy utilizada en el campo científico (acústica, ingeniería biomédica, métodos numéricos, procesamiento de señales, sonar, electromagnetismo, comunicaciones, etc.). La potencia del análisis de Fourier radica en que permite descomponer una señal compleja en un conjunto de componentes de frecuencia única; sin embargo, no indica con precisión el instante en que ha ocurrido dentro del rango temporal de estudio, es decir, no indica si sólo aparece en un momento determinado del rango o durante todo el mismo. Por ello esta descomposición es útil para señales estacionarias, cuando las componentes de frecuencia que forman la señal no cambian a lo largo del tiempo.

Para señales no estacionarias es necesario tomar tramas o ventanas en donde se puede considerar que estas sean estacionarias: a dicha ventana se le aplica el análisis en frecuencia. Posteriormente, se toma otra ventana desplazada en el tiempo y se aplica de nuevo el análisis en frecuencia. De este modo se obtiene la evolución de las frecuencias que componen la señal original a lo largo del tiempo, ventana a ventana. La Transformada Discreta de Fourier tiene la siguiente expresión matemática.

$$X(k) = \sum_{n=0}^{N=-1} x[n] \cdot e^{[-jnk2\pi/N]}, \qquad k = 0,1,...,N-1 \qquad [8]$$

Donde,

$k =$ Índice de frecuencia

$n =$ Índice de la muestra en el tiempo

$N =$ Longitud de la DFT

Figura 8. Señal de voz capturada "enciclopedia"

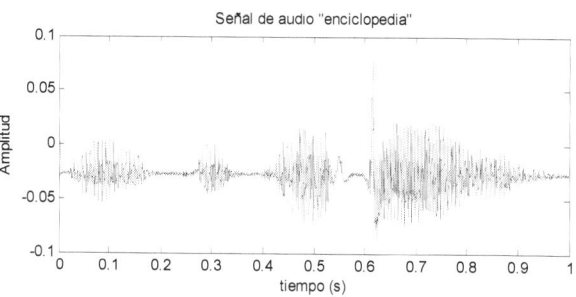

Fuente: Autores del proyecto

Figura 9. Transformada de Fourier de la señal de voz capturada

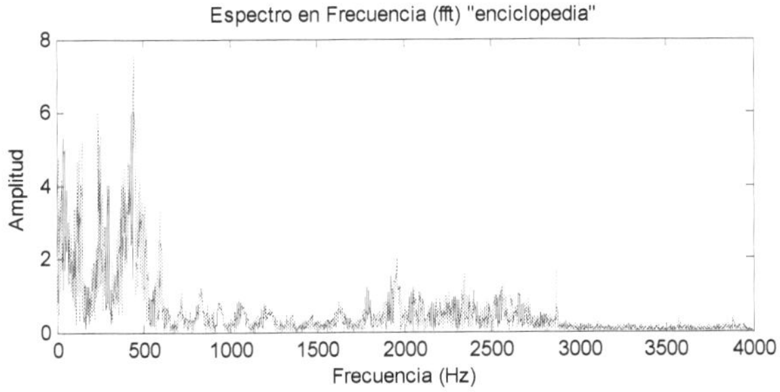

Fuente: Autores del proyecto

Al igual que las características anteriores (sección 2.1.1.1), la transformada de Fourier también ha de calcularse localizada en el tiempo para el análisis de la señal de voz; de tal modo que se pueda observar sus características frecuenciales durante un corto periodo de tiempo (en el que se pueda considerar estacionaria), y su evolución temporal. La transformada de Fourier localizada está definida por:

$$X_n(e^{jw}) = \sum_{m=-\infty}^{\infty} x(m)w(n-m)(e^{-jwm}) \qquad [9]$$

Como es sabido, en la señal de voz pueden distinguirse dos contribuciones: por una parte, la del tracto vocal, responsable de la estructura de formantes, y por otra, la de la excitación, que proporciona la estructura fina (armónica en el caso sonoro) del espectro. La primera se caracteriza por tener una variación lenta a lo largo del tiempo, mientras que la segunda, por el contrario es más rápida. Por tanto, si la longitud de la ventana es corta no se podrá observar la estructura armónica de la señal puesto que la resolución en frecuencia es muy pequeña; sin embargo, como la resolución temporal es elevada se podrán detectar eventos de poca duración sin más que observar la evolución de la transformada de Fourier con el tiempo. Por el contrario, cuando la longitud de la ventana sea grande se obtendrá una mayor resolución en frecuencia y se podrá observar la estructura armónica (cuando exista); como contrapartida, la resolución temporal será pequeña.

> **Análisis cepstral**

El análisis homomórfico o cepstral se basa en la suposición de que la voz es resultado de la convolución de una función de excitación (generada en los pulmones) con la respuesta impulsional del tracto vocal. Se pretende pues deconvolucionar las señales de voz para obtener por un lado la señal de excitación y por el otro la respuesta del tracto vocal. Se emplea una transformación logarítmica para transformar productos (de las respuestas en frecuencia) en sumas. Se define el cepstrum como una secuencia que tiene por transformada de Fourier el logaritmo de la transformada del segmento de voz considerado como puede verse en la Figura 10.

Figura 10. Esquema de obtención de los coeficientes Cepstrum

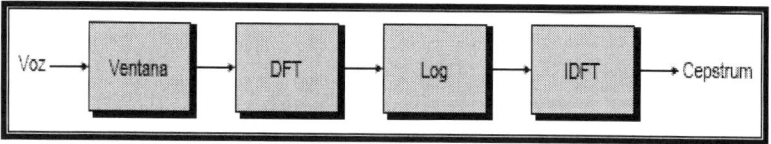

Fuente: TAMARISCO UPM. Coeficientes cepstrum. [en linea] Pamplona: Google, 2005. Disponible en internet URL: http://tamarisco.datsi.fi.upm.es/ASIGNATURAS/FRAV/apuntes/extraccion.pdf

Las primeras aplicaciones del análisis cepstral fueron en el campo de la determinación del periodo fundamental [Nol67]: Se descompone el espectro como producto de dos componentes, una de variación rápida y otra de variación mucho más lenta (la envolvente espectral). Al tomar el logaritmo, el producto se convierte en suma, y podemos aplicar sin problemas el operador lineal de la transformada de Fourier.

El cepstrum ("kepstrum"), o coeficiente cepstral, $C(\tau)$, se define como la transformada inversa de Fourier del logaritmo del módulo espectral, $|X(w)|$. El término "cepstrum" se deriva de la inversión de la palabra inglesa "spectrum" (espectro), para dar idea del cálculo de la transformada inversa del espectro. La variable independiente en el dominio cepstral se denomina (siguiendo la misma lógica) "quefrency"; dado que el cesptrum representa la transformada inversa del dominio frecuencial, la "quefrencia" es una variable en un dominio temporal. La característica esencial del cepstrum es que permite separar las dos contribuciones del mecanismo de producción: estructura fina y envolvente espectral.

Si denominamos x[n] a la señal de voz, derivada de la convolución de la señal de excitación, g[n], con la respuesta impulsiva del tracto vocal, h[n], y siendo X(w), G(w) y H(w) sus DFTs respectivas, tendremos que:

$$X(w) = G(w) \cdot H(w) \qquad [10]$$

Si ahora tomamos logaritmos sobre el módulo de esta expresión, tendremos:

$$\log|X(w)| = \log|G(w)| + \log|H(w)| \qquad [11]$$

Calculando ahora la transformada inversa, IDFT, resultará:

$$C(\tau) = IDFT \log|X(w)| = IDFT \log|G(w)| + IDFT \log|H(w)| \quad \textbf{[12]}$$

Como se observa de la expresión anterior, en el dominio cepstral, las componentes de estructura fina y de envolvente espectral aparecen ahora como sumandos, en lugar de convolucionarse en el dominio temporal original: se produce la deconvolución de las componentes fundamentales de la señal vocal. Además, en el dominio cepstral se verifica que las componentes debido a la estructura armónica aparecen como picos equiespaciados a altas quefrencias, justamente separados por el valor de que se corresponde con el periodo fundamental del tramo analizado. La respuesta del tracto vocal aparece en bajas quefrencias, como señal impulsiva que abarca los primeros coeficientes cepstrales. La figura 11 muestra una trama sonora y su correspondiente cepstrum:

Figura 11. Trama sonora y su correspondiente cepstrum (a) Trama sonora. (b) cepstrum

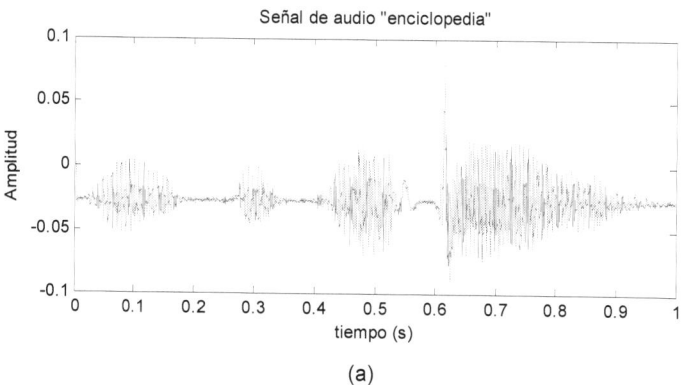

(a)

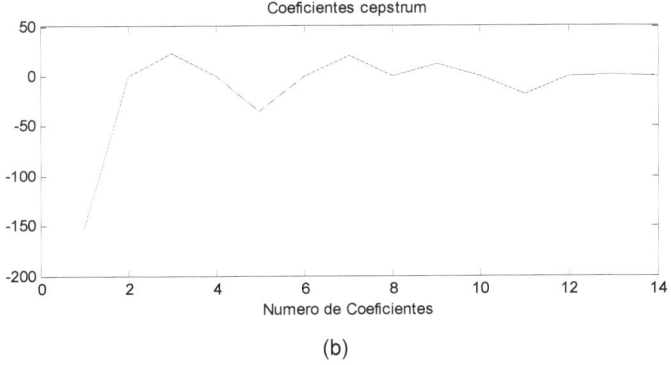

(b)

Fuente: Autores del proyecto

> **Banco de filtros**

Un banco de filtros consiste en un arreglo formado por más de un filtro paso banda que separa la señal de entrada en varias componentes, cada una de las cuales transporta la subbanda de una sola frecuencia de la señal original. El diseño de dicho filtro debe ser capaz de recombinar dichas sobandas de manera que se pueda recuperar la señal original. Este primer proceso de separación o división en subbandas de trabajo se conoce como análisis mientras que al segundo proceso de reconstrucción se conoce como síntesis. La señal de salida del proceso de análisis tendrá tantas subbandas como filtros tenga el banco de filtros.

Su función es la de aislar diferentes componentes frecuenciales de una señal. Para la mayoría de las aplicaciones esta función es muy útil ya que no todas las componentes frecuenciales tienen la misma relevancia. Por ejemplo, aquellas frecuencias que tengan mayor importancia podrán ser codificadas con una mayor resolución. En consecuencia, el esquema de codificación debe ser sensible a las pequeñas diferencias existentes entre unas y otras frecuencias.

El llamado banco de filtros híbrido es aquel que está formado por la combinación de un banco de filtros polifásicos y un bloque que realiza la transformada discreta del coseno modificada[*] (MDCT. *Modified Discrete Cosine Transform*).

El primer bloque llamado "filtro análisis" es un banco de filtros polifásicos cuya función es dividir la señal de audio en 32 subbandas; estas subbandas están igualmente espaciadas en frecuencia, y no reflejan exactamente las bandas críticas del oído. El oído tiene una selectividad limitada en frecuencia que varía en exactitud desde menos de 100 Hz para las frecuencias más bajas hasta un poco más de 4 KHz para las frecuencias más altas. Dicho filtro es la componente clave de todas las capas de los estándares MPEG de compresión de audio.

El diseño de filtro es relativamente simple y proporciona una buena resolución en el tiempo con una aceptable resolución en frecuencia aunque presenta pérdidas; inclusive sin cuantización no hay posibilidad de recuperar exactamente la señal de entrada. Afortunadamente, el oído humano no es capaz de percibir el error introducido por el banco de filtros. Existe también solapamiento frecuencial entre las bandas adyacentes del filtro; por lo tanto, una señal en una frecuencia particular puede afectar las dos salidas adyacentes en el banco de filtros.

Por otro lado, el ancho de banda que proporcionan los filtros es demasiado amplio para las bajas frecuencias, y demasiado estrecho para las altas

---

[*] La MDCT es una transformada lineal ortogonal, basada en la idea de la cancelación del aliasing del dominio de tiempo (TDAC, *Time Domain Aliasing Cancellation*).

frecuencias impidiendo optimizar la sensitividad al ruido dentro de cada banda crítica. Es por eso que al espectro audible[*] se le realizan particiones en bandas críticas para reflejar la selectividad en frecuencia del oído humano.

El segundo bloque es el que se encarga de procesar la señal de salida del banco de filtros con la transformada discreta del coseno modificada (MDCT) creando las llamadas bandas críticas para compensar las deficiencias del banco de filtros. Este bloque subdivide la salida del banco de filtros en frecuencia para proporcionar una mejor resolución espectral. Al contrario que el banco de filtros, la MDCT es una transformación sin pérdidas.

Para la reconstrucción de la MDCT, el modelo psicoacústico detecta condiciones de pre-eco y puede trabajar con bloques cortos (mejor resolución en el tiempo) o con bloques largos (mejor resolución frecuencial) para señales con estadísticas estacionarias. Aunque la conmutación entre ambos bloques no puede ser instantánea. La reducción del aliasing producido durante la transformación es aplicada solamente para bloques largos así que una vez que la MDCT convierte la señal de audio en el dominio frecuencial, el aliasing producido por el submuestreo en el banco de filtros puede ser parcialmente cancelado aquí logrando reducir la cantidad de información a ser codificada y transmitida.

2.2 FILTRADO DIGITAL

---

[*] El espectro audible lo conforman las audiofrecuencias, es decir, toda la gama de frecuencias que pueden ser percibidas por el oído humano.

Un filtro digital es un sistema lineal e invariante en el tiempo (LTI) que modifica el espectro en frecuencia de una señal de entrada X[n], según la respuesta que tenga en frecuencia $H(e^{j\omega})$ (conocida como función de transferencia), para dar lugar a una señal de salida con espectro:

$$Y(e^{j\omega}) = H(e^{j\omega}) \cdot X(e^{j\omega})$$ [13]

Donde $X(e^{j\omega})$ es la respuesta en frecuencia de la señal de entrada X[n], en cierto sentido, $H(e^{j\omega})$ actúa como una función de ponderación o función de conformación espectral para las diferentes componentes frecuenciales de la señal de entrada. Los filtros digitales se clasifican según su tipo en: filtros de respuesta impulsional de duración finita FIR (*finite impulse response*) que se caracterizan por ser sistemas no recursivos, y filtros recursivos de respuesta impulsional de duración infinita IIR (*infinite impulse response*) que se distinguen por tener retroalimentación en la señal de salida.

Los filtros digitales tienen dos propósitos principales: separación de señales y restauración de señales. La separación de señales se requiere cuando una señal ha sido contaminada con interferencia, ruido u otras señales. La restauración de señales es usada cuando una onda o señal ha sido distorsionada de alguna forma, por ejemplo, una grabación de audio efectuada con un equipo de baja calidad puede ser filtrada para mejorar su sonido, y recuperarla lo más parecido posible a la grabación original.

Los filtros digitales poseen las siguientes características:

> Pueden ser implementados en software que se ejecuta en cualquier computador personal, por consiguiente son fáciles de diseñar y probar.

> Están basados en operaciones de suma y multiplicación, que los hace computacionalmente rápidos y estables.

> Son fáciles de adaptar (a diferencia de los análogos), ya que con el sólo hecho de cambiar los coeficientes, se obtiene un filtro de características diferentes.

2.2.1 Filtros de respuesta al impulso infinita IIR. Los filtros IIR corresponden directamente al equivalente analógico. Al realizar directamente la transformación de un filtro en tiempo continuo en un filtro en tiempo discreto, se desea generalmente que la respuesta en frecuencia del filtro en tiempo discreto resultante preserve las propiedades esenciales de la respuesta en frecuencia del filtro en tiempo continuo. Esto implica concretamente que el eje imaginario del plano *s* se transforme en la circunferencia unidad del plano *z*. Una segunda condición es que un filtro estable en tiempo continuo se debe transformar en un filtro estable en tiempo discreto. Esto quiere decir que si el sistema en tiempo continuo únicamente tiene polos en el semiplano izquierdo del plano *s*, el sistema en tiempo discreto solo debe tener polos en el interior de la circunferencia unidad del plano *z*.

Una forma de diseñar filtros IIR es creando la función de transferencia deseada en el dominio analógico para transformarla al dominio z y después calcular los coeficientes del filtro IIR. Mediante este procedimiento se obtiene la siguiente ecuación en diferencias:

$$y[n] = b_0 x[n] + b_1 x[n-1] + b_2 x[n-2] + .. b_M x[n-M] - a_1 y[n-1] - a_2 y[n-2] - .. a_N y[n-N]$$ **[14]**

ó

$$y(n) = \sum_{k=-m}^{m} b_k X(n-k) + \sum_{j=1}^{n} a_k y(n-k)$$

[15]

Donde las variables a_k es el vector de coeficientes que ajusta las salidas previas y b_k es el vector de pesos que pondera las entradas X[n]; es decir a_k y b_k son los coeficientes del filtro. Si todos los a_k=0, la salida corresponde a un filtro digital no recursivo. Dentro de las ventajas que ofrecen los filtros IIR sobre los filtros FIR encontramos:

➢ Los filtros IIR requieren menos memoria y menos instrucciones para implementar su función de transferencia.

➢ Un filtro IIR se diseña mediante el cálculo de polos y ceros en el plano complejo. El uso de polos confieren a un filtro IIR la capacidad de implementar funciones de transferencia que es imposible realizar mediante filtros FIR.

El filtro digital representativo de la familia de los recursivos mas utilizado en el procesamiento de las señales de voz, se llama filtro digital elíptico de tipo pasa bajo. Este filtro tiene la particularidad de permitir rizos en las dos bandas, la banda de paso y la de rechazo. Además, poseen la región de transición más rápida que cualquier filtro con el mismo orden y el mismo rizado.

La magnitud al cuadrado de la función de transferencia de un filtro digital elíptico de orden M es:

$$|T(s)|^2 = \frac{1}{1+\varepsilon^2 \left[R_M(w/w_c, L) \right]^2}$$

[16]

El parámetro ε controla el rizo de la banda de paso y Wc controla la frecuencia de corte. El parámetro L controla el ancho de la región de transición, la altura del rizado en la banda de rechazo interactúa con Wc para efectuar el punto de corte. Este filtro está basado en las funciones racionales de Chebyshev de orden $M(R_M(\cdot))$.

2.2.2 Filtros de respuesta al impulso finita FIR.
Un filtro FIR de orden M se describe mediante la ecuación en diferencias:

$$y[n] = b_0 x[n] + b_1 x[n-1] + b_2 x[n-2] ... + b_M x[n-M]$$ [17]

Donde los términos b_k son los coeficientes del filtro. En este tipo de filtrado no existe retroalimentación. Además, la respuesta al impulso $H(e^{j\omega})$, es de duración finita ya que si la entrada se mantiene en cero durante M muestras consecutivas la salida también será cero. Algunas de las ventajas de este tipo de filtros son las siguientes:

➢ Un filtro FIR puede ser diseñado para tener fase lineal.
➢ Su estabilidad es grande debido a la invariabilidad de los polos y ceros de su función de transferencia.
➢ Los errores por desbordamiento no son problemáticos porque la suma de productos en un filtro FIR es realizado sobre un conjunto finito de datos.
➢ Un filtro FIR es fácil de implementar.

2.2.3 Metodología de diseño para filtros digitales.
El proceso de diseño de un filtro digital requiere de los siguientes pasos.

Figura 12. Especificaciones de un filtro digital FIR pasa bajos

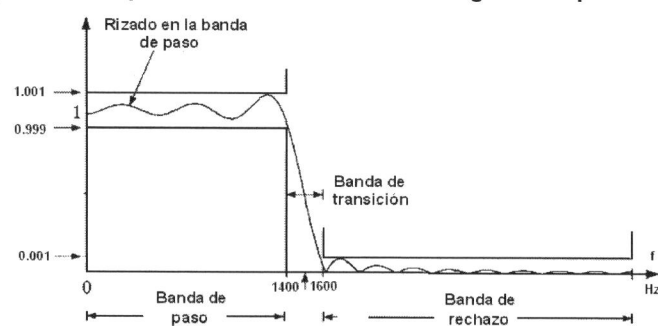

Fuente: OPPENHEIM, Alan. SCHAFER, Ronald. Tratamiento de Señales en Tiempo Discreto. 2 ed. México: Prentice Hall, 2000. 475 P.

Especificación de la respuesta requerida. Al determinar las características principales, como la frecuencia de corte y el ancho de banda, también se elige el orden y el tipo (FIR o IIR).

- Diseño del software que implemente el algoritmo.
- Generación de coeficientes y código.
- Simulación del comportamiento del algoritmo.
- Análisis de la respuesta. Si es correcta, se pasa a hacer pruebas sobre el hardware real y en caso contrario se inicia nuevamente el proceso.

2.2.3.1 Diseño de filtros FIR mediante enventanado: Las técnicas de diseño de filtros FIR se basan en aproximar directamente la respuesta en frecuencia deseada del sistema en tiempo discreto. La mayoría de las técnicas de aproximación de la respuesta en amplitud de un sistema FIR asumen una restricción de fase lineal, evitando, por lo tanto, el problema de la factorización del espectro que complica el diseño directo de los filtros IIR. El método más simple de diseño de filtros FIR se denomina método de ventanas. Este método empieza generalmente con una respuesta en frecuencia deseada ideal que se puede representar como

$$H_d\left(e^{jw}\right) = \sum_{n=-\infty}^{\infty} h_d[n] e^{-jw},$$
[18]

Siendo $h^d[n]$ la correspondiente secuencia de respuesta al impulso, que se puede expresar en función de $H_d\left(e^{jw}\right)$ como

$$h_d[n] = \frac{1}{2\pi} \int_{-\pi}^{\pi} H_d\left(e^{jw}\right) e^{jwn} d\omega$$
[19]

Muchos sistemas se definen de forma idealizada mediante respuestas en frecuencia constante por tramos o funcional por tramos, con discontinuidades en los límites de las bandas. Como resultado, la respuesta al impulso de estos sistemas es no causal e infinitamente larga. La forma más directa de obtener una aproximación FIR causal a estos sistemas es truncar la respuesta ideal. En consecuencia, la selección de la ventana $W[n]$ se realiza de forma que la duración de $W[n]$ sea tan corta como sea posible para minimizar los cálculos necesarios en la realización del filtro. Al mismo tiempo se busca que $W\left(e^{jw}\right)$ se aproxime a un impulso, es decir, que esté altamente concentrada en frecuencia.

La forma más simple de obtener un filtro FIR causal a partir de $h^d[n]$ es definir un nuevo sistema con respuesta al impulso $h[n]$ dado

$$h[n] = \begin{cases} h_d[n], & 0 \leq n \leq M \\ 0, & en \ el \ resto \end{cases}$$

[20]

Donde, M es el grado del polinomio de la función de transferencia. Por tanto M+1 es la longitud, o duración, de la respuesta al impulso.

De forma más general, h[n] se puede representar como la respuesta al impulso deseada y una "ventana" de longitud finita, es decir

$$h[n] = h_d[n]w[n],$$

[21]

> **Propiedades de las ventanas comúnmente utilizadas**

La figura 13 muestra algunas de las ventanas más comúnmente utilizadas. Estas ventanas se definen mediante las siguientes ecuaciones:

Rectangular

$$\omega[n] = \begin{cases} 1, & 0 \leq n \leq M, \\ 0, & en \ el \ resto \end{cases}$$

[22]

Barlett (triangular)

$$\omega[n] = \begin{cases} 2n/M, & 0 \leq n \leq M/2, \\ 2 - 2n/M, & M/2 \langle n \leq M, \\ 0, & en \ el \ resto \end{cases}$$

[23]

$$\omega[n] = \begin{cases} \text{Hanning} & 0{,}5 - 0{,}5\cos(2\pi n/M), \quad 0 \leq n \leq M, \\ 0, & en \ el \ resto \end{cases}$$

[24]

Hamming

$$\omega[n] = \begin{cases} 0{,}54 - 0{,}46\cos(2\pi n/M), & 0 \le n \le M, \\ 0, & \text{en el resto} \end{cases} \quad [25]$$

Blackman

$$\omega[n] = \begin{cases} 0{,}42 - 0{,}5\cos(2\pi n/M) + 0{,}08\cos(4\pi n/M), & 0 \le n \le M, \\ 0, & \text{en el resto} \end{cases} \quad [26]$$

Figura 13. Ventanas comúnmente utilizadas

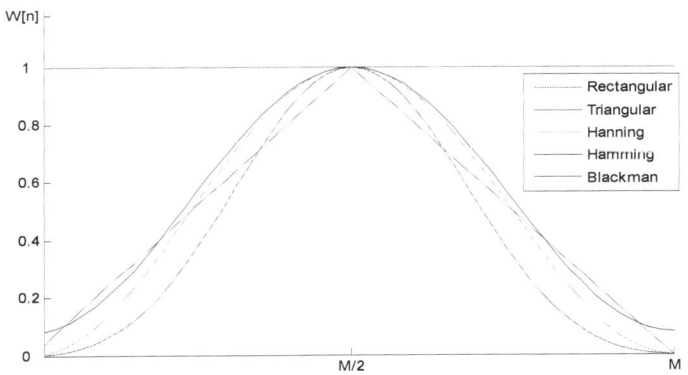

Fuente: Autores del proyecto

Por conveniencia, la figura 13 muestra estas ventanas como funciones de una variable continua. Sin embargo, la secuencia de ventana se especifica solo para valores enteros de n. Estas ventanas se utilizan habitualmente tanto para análisis espectral como para el diseño de filtros FIR. Tienen la deseable propiedad de que sus transformadas de Fourier se concentran alrededor de $\omega = 0$, además, su expresión funcional es sencilla, de forma que se pueden calcular fácilmente. La transformada de Fourier de la ventana de Bartlett se puede expresar como el producto de transformadas de Fourier de ventanas rectangulares y las transformadas de Fourier de las otras ventanas se pueden expresar como sumas de transformadas de Fourier de la ventana rectangular desplazadas en frecuencia.

La figura 14 muestra la función $20\log_{10}|W(e^{jw})|$ para cada una de las ventanas anteriores con M = 50. Puede verse claramente que la ventana rectangular es la que tiene el lóbulo principal más estrecho, y por tanto, para una longitud determinada, es la que producirá en $H(e^{jw})$ transiciones más abruptas en cada discontinuidad de $H_d(e^{jw})$. Sin embargo, el primer lóbulo esta solo 13dB por debajo del pico del lóbulo principal, lo que produce oscilaciones de $H(e^{jw})$ de tamaño considerable en los alrededores de las discontinuidades de $H_d(e^{jw})$. La (tabla 1), que compara las ventanas muestra que cuando los extremos de la ventana caen a cero suavemente, como ocurre con las ventanas de Hamming, Hanning y Blackman, los lóbulos laterales (segunda columna) reducen grandemente su amplitud. Sin embargo, el lóbulo principal es mucho más ancho (tercera columna), y por tanto, se obtienen transiciones más anchas en las discontinuidades de $H_d(e^{jw})$.[2]

---

[2] OPPENHEIM, Alan. SCHAFER, Ronald. Tratamiento de Señales en Tiempo Discreto. México: Prentice Hall, 2 ed, 1998. pag 470 – 471

Figura 14. Transformadas de Fourier de las ventanas con M=50. (a) Rectangular. (b) Triangular. (c) Hanning. (d) Hamming. (e) Blackman

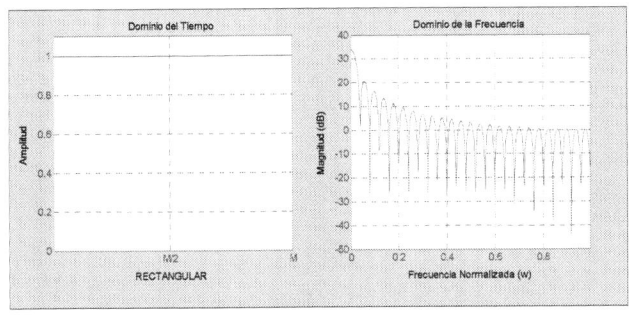

(a)

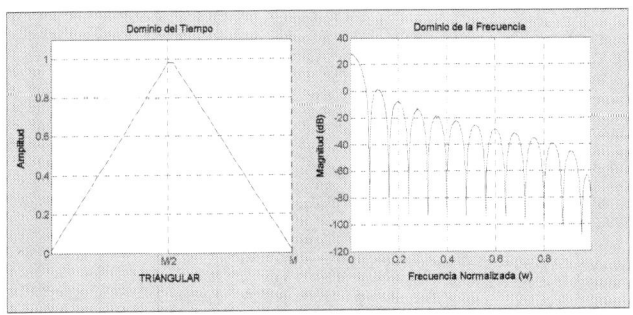

(b)

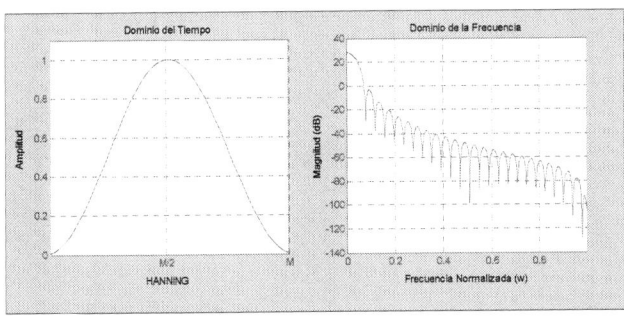

(c)

Continua...

...Viene

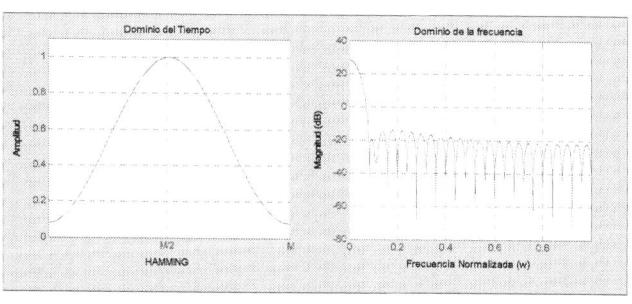

(d)

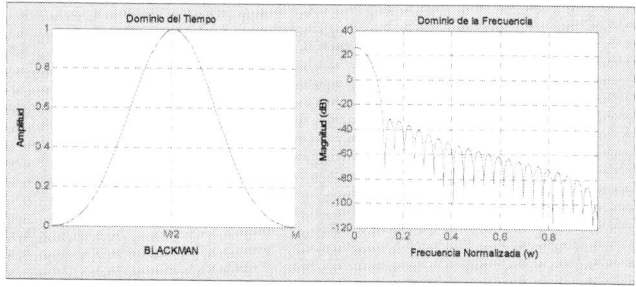

(e)

Fuente: Autores del proyecto

Tabla 1. Comparación de ventanas comúnmente utilizadas

Tipo de ventana	Amplitud de pico del lóbulo lateral	Anchura aproximada del lóbulo principal	Error de aproximación de pico(dB)	Ventana de Kaiser equivalente	Anchura de transición de la ventana de Kaiser
Rectangular	-13	$4\pi/(M+1)$	-21	0	$1.81\pi/M$
Bartlett	-25	$8\pi/M$	-25	1.33	$2.37\pi/M$
Hanning	-31	$8\pi/M$	-44	3.86	$5.01\pi/M$
Hamming	-41	$8\pi/M$	-53	4.86	$6.27\pi/M$
Blackman	-57	$12\pi/M$	-74	7.04	$9.19\pi/M$

Fuente: OPPENHEIM, Alan. SCHAFER, Ronald. Tratamiento de Señales en Tiempo Discreto. 2 ed. México: Prentice Hall, 1998. 473 P.

> **Ventajas y desventajas de algunas ventanas**

- **Ventana Rectangular**

Ésta ventana produce lóbulos secundarios de amplitud considerable haciendo difícil la distinción de los armónicos del pitch[*]. Otras ventanas (triangular, hamming y hanning) A razón de una mayor anchura del lóbulo principal se presentan lóbulos secundarios de mucha menor amplitud.

- **Ventana Triangular**

Con relación a la ventana rectangular proporciona una reducción en amplitud a los lóbulos secundarios, lo cual permite que la presencia del tono de menor amplitud se detecte claramente. La desventaja es el notable incremento de la anchura del lóbulo principal que, para una longitud de ventana fija, reduce la resolución de la nueva ventana.

- **Ventana de Hamming y Hanning**

Estas ventanas son bastante eficientes en cuanto a la amplitud de los lóbulos secundarios, pero al igual que la ventana triangular incrementa el ancho del lóbulo principal. Sus diferencias más importantes se presentan a continuación:

Tabla 2. Comparación ventana Hamming y Hanning

Hamming	Hanning
> Buena atenuación de los primeros lóbulos secundarios.	> Los primeros lóbulos secundarios son mayores en amplitud.
> Respuesta lineal a los lóbulos secundarios de mayor frecuencia	> Los lóbulos secundarios de mayor frecuencia decaen en amplitud.

Fuente: Autores del proyecto

---

[*] Pitch: Frecuencia fundamental de la voz.

Otro tipo de ventana es la ventana de Kaiser, la cual se describe con más detalle en la siguiente sección.

2.2.3.2 Método de diseño de filtros FIR mediante la ventana de Kaiser: El compromiso entre anchura del lóbulo principal y área de los lóbulos laterales puede ser cuantificado buscando la función de ventana que este concentrada de forma máxima en los alrededores de $w = 0$ en el dominio de la frecuencia.

Kaiser (1966, 1974) descubrió que se puede formar una ventana cuasi-óptima utilizando la función de Bessel modificada de primera especie, que es mucho más sencilla de calcular. La ventana de Kaiser se define como

$$\omega[n] = \begin{cases} \dfrac{I_0[\beta(1-[(n-\alpha)/\alpha]^2)^{1/2}]}{I_0(\beta)}, & 0 \leq n \leq M, \\ 0, & \text{en el resto,} \end{cases} \qquad [27]$$

Siendo:

$\alpha = M/2$

$I_0(\cdot)$ = la función de Bessel modificada de primera especie.

$$\beta = \begin{cases} 0{,}1102(A-8{,}7), & A > 50, \\ 0{,}5842(A-21)^{0,4} + 0{,}07886(A-21), & 21 \leq A \leq 50, \\ 0{,}0 & A < 21. \end{cases} \qquad [28]$$

Figura 15. Ventana de Kaiser para β = 0, 4 y 8 y M=50, y sus correspondientes transformadas de Fourier

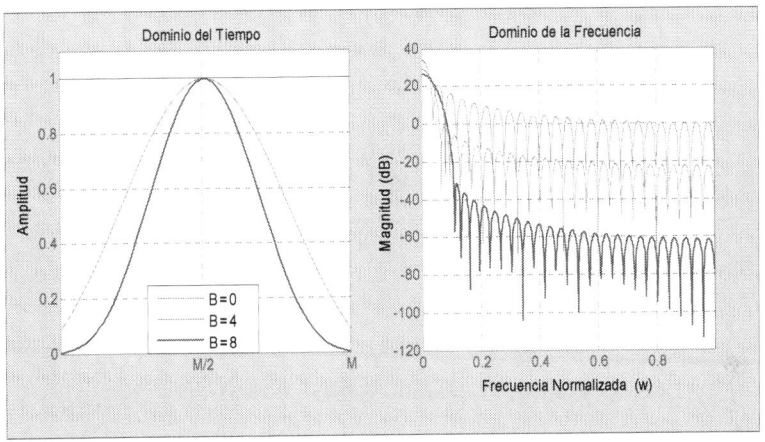

Fuente: Autores del proyecto

A diferencia de las otras ventanas, la ventana de Kaiser tiene dos parámetros: la longitud (M+1) y el parámetro de forma β. Variando (M) y β se puede ajustar la longitud y la forma de la ventana, ajustándose a su vez el compromiso entre amplitud de los lóbulos laterales y anchura del lóbulo principal. Si se aumenta M manteniendo β constante, el lóbulo principal reduce su anchura, pero no se modifica la amplitud de los lóbulos laterales. De hecho, Kaiser obtuvo, mediante amplias experimentaciones numéricas, una pareja de fórmulas que permiten al diseñador de filtros predecir los valores de M y β necesarios para cumplir una determinada especificación de selectividad en frecuencia. Kaiser determinó empíricamente el valor necesario de β para cumplir un valor determinado de A, siendo estos los especificados en la ecuación **[28]** También descubrió el valor de M para cumplir unos valores determinados de A, donde:

$$M = \frac{A-8}{2{,}285\Delta\omega} \qquad [29]$$

Siendo $\Delta\omega$ la anchura de la región de transición para la aproximación del filtro pasa bajo

$$\nabla w = w_s - w_p \qquad [30]$$

y

$$A = -20 \, Log_{10}\, \delta \qquad [31]$$

Con la obtención del valor de A y remplazándolo en la ecuación **[28]** obtenemos el valor de β, el cual es indispensable para hallar este tipo de aproximación al filtro ideal.

> ### Relación de la ventana de Kaiser con otras ventanas

El principio básico del método de diseño de la ventana es truncar la respuesta al impulso ideal con una ventana de longitud finita. El correspondiente efecto en el dominio de la frecuencia es que la respuesta en frecuencia ideal se convoluciona con la transformada de Fourier de la ventana. Si el filtro ideal es un filtro pasa bajo, la discontinuidad de la respuesta en frecuencia se suaviza a medida que el lóbulo principal de la transformada de Fourier de la ventana atraviesa la discontinuidad en el proceso de convolución. La anchura de la banda de transición resultante está determinada por la anchura del lóbulo principal de la transformada de Fourier de la ventana. Los rizados de la banda de paso y la banda eliminada están determinados por sus lóbulos laterales. Como los rizados de la banda de paso y la banda eliminada están producidos por la integración de los lóbulos laterales de la ventana simétrica, dichos rizados son aproximadamente iguales. Además, es una buena aproximación suponer que las máximas desviaciones en la banda de paso y en la banda eliminada no dependen de M y solo se pueden cambiar modificando la forma de la ventana utilizada.

2.2.4 Algoritmo de Parks – McClellan. Parks y McClellan (1972), han desarrollado procedimientos en los que se fijan L, Wp, Ws y la relación δ_1/δ_2, y δ_1 (o δ_2) son variables. Dado el momento en el que se desarrollaron las diferentes soluciones, el algoritmo de Parks – McClellan se ha convertido en el método dominante para el diseño óptimo de filtros FIR. Esto es debido a que es más flexible y el más eficiente computacionalmente.

$$A_e\left(e^{jw}\right) = h_e[0] + \sum_{n=1}^{L} 2h_e[n]\cos(wn)$$

[32]

El algoritmo de Parks – McClellan se basa en replantear el problema de diseños de filtros como un problema de aproximación de polinomios. Concretamente, los términos $\cos(wn)$ de la ecuación **[32]** se puede expresar como una suma de potencias de $\cos(w)$ de la forma

$$\cos(wn) = T_n(\cos w),$$

[33]

Siendo $T_n(x)$ un polinomio del grado 7. En consecuencia, la ecuación **[32]** se puede escribir como un polinomio del grado L en $\cos(w)$, es decir

$$A_e\left(e^{jw}\right) = \sum_{k=0}^{L} a_k \left(\cos w\right)^k ,$$

[34]

Donde a_k son constantes relacionadas con $h_e[n]$, los valores de la respuesta al impulso. La situación $x = \cos w$, la ecuación **[34]** puede expresarse como

$$A_e\left(e^{jw}\right) = P(x)\big|_{x=\cos w} ,$$

[35]

Siendo $P(x)$ el polinomio de grado L

$$P(x) = \sum_{k=0}^{L} a_k x^k .$$

[36]

Se observa, que no es necesario conocer la relación entre los a_k y $h_e[n]$ (aunque se puede obtener una formula). Es bastante con saber que $A_e\left(e^{jw}\right)$ se puede expresar como el polinomio trigonométrico de grado L en la ecuación **[34]**.

La clave para controlar los valores de Wp y Ws es fijar sus valores y variar δ_1 y δ_2. Parks y McClellan (1972) demostraron que fijando L, Wp y Ws, el problema de diseño de un filtro selectivo en frecuencia se transforma en un problema de aproximación de Chebyshev, en conjuntos disjuntos, un importante problema de teoría de aproximación para el que se han desarrollado varios teoremas y procedimientos de utilidad. Para formalizar el problema de aproximación en este caso, definamos la función de error de aproximación.

$$E(w) = W(w)\left[H_d\left(e^{jw}\right) - A_e\left(e^{jw}\right)\right],$$

[37]

Donde la función de peso $W(w)$ incorpora los parámetros del error de aproximación en el proceso de diseño. En este método, la función de error $E(w)$, la función de peso $W(w)$ y la respuesta en frecuencia deseada $H_d\left(e^{jw}\right)$ se define sólo en sub intervalos cerrados de $0 \leq w \leq \pi$. Por ejemplo, para aproximar un filtro pasa bajo, esas funciones se definen en $0 \leq w \leq w_p$ y en $w_s \leq w \leq \pi$. La función de aproximación $A_e\left(e^{jw}\right)$ no está restringida en la región (o regiones) de transición (es decir, $w_p < w < w_s$), y puede tomar cualquier forma que sea necesaria para conseguir la respuesta deseada de los otros sub intervalos.

Por ejemplo para obtener una aproximación de un filtro pasa bajos como el que se muestra en la figura 16, siendo L, w_p y w_s parámetros de diseño fijo.

Figura 16. Esquema de tolerancia y respuesta ideal de un filtro paso bajo

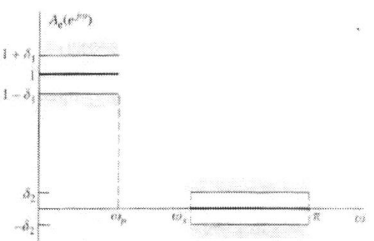

Fuente: OPPENHEIM, Alan. SCHAFER, Ronald. Tratamiento de Señales en Tiempo Discreto. 2 ed. Madrid: Prentice Hall, 2000. 489 P.

$$H_d\left(e^{j\theta}\right) = \begin{cases} 1, & 0 \leq w \leq w_p \\ 0, & w_s \leq w \leq \pi \end{cases}$$

[38]

En este caso, la función de peso $W(w)$ permite ponderar los errores de aproximación de forma diferente en los diferentes intervalos de aproximación. Para el caso del problema de aproximación al filtro pasa bajo, la función de peso es

$$W(w) = \begin{cases} \dfrac{1}{k}, & 0 \leq w \leq w_p, \\ 1, & w_s \leq w \leq \pi, \end{cases}$$

[39]

Siendo $K = \delta_1/\delta_2$. Si $A_e(e^{jw})$ es como muestra la figura 17, el error de aproximación ponderado, $E(w)$ en la ecuación [37], sería como se presenta en la figura 18. Nótese que con esta ponderación, el máximo valor del error de aproximación absoluto ponderado es de $\delta = \delta_2$ en ambas bandas.

Figura 17. Respuesta en frecuencia típica que cumple las especificaciones de la Figura 15

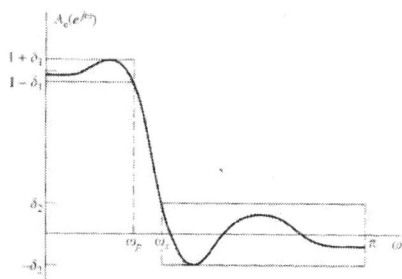

Fuente: OPPENHEIM, Alan. SCHAFER, Ronald. Tratamiento de Señales en Tiempo Discreto. 2 ed. Madrid: Prentice Hall, 2000. 491 P.

Figura 18. Respuesta en frecuencia típica que cumple las especificaciones de la Figura 15.

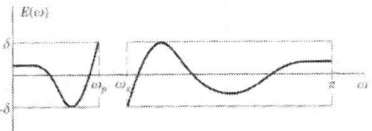

Fuente: OPPENHEIM, Alan. SCHAFER, Ronald. Tratamiento de Señales en Tiempo Discreto. 2 ed. Madrid: Prentice Hall, 2000. 491 P.

El criterio particular utilizado en este procedimiento de diseño se denomina criterio mínimax o de Chebyshev. Dentro de los intervalos de frecuencia de interés (banda de paso y banda eliminada para un filtro paso bajo), se busca una respuesta en frecuencia $A_e(e^{jw})$ que minimiza el máximo error de aproximación ponderado de la ecuación **[37]** en otras palabras, se calcula la mejor aproximación en el sentido de

$$\min_{\{h_e[n]:0 \leq n \leq L\}} \left(\max_{w \in F} |E(w)| \right),$$

[40]

Siendo F el subconjunto cerrado de $0 \leq w \leq \pi$ tal qué $0 \leq w \leq w_p$ o $w_s \leq w \leq \pi$. Se busca los valores de la respuesta al impulso que minimiza δ en la figura 18.

Parks y McClellan aplicaron el siguiente teorema de la teoría de aproximación en este problema de diseño de filtros.

Teorema de la alternación: sea F_p el subconjunto cerrado consistente en la unión disjunta de subconjuntos cerrados del eje real x. sea

$$P(x) = \sum_{k=0}^{r} a_k x^k$$

[41]

Un polinomio de grado r. sea también $D_p(x)$ una determinada función deseada de x que es continua en F_p. $w_p(x)$ Es una función positiva, continua en F_p y

$$E_p(x) = w_p(x)\left[D_p(x) - P(x)\right],$$

[42]

Es el error ponderado. El error máximo se define como

$$\|E\| = \max_{x \in F_p} |E_p(x)|$$

[43]

Una condición necesaria y suficiente para que $P(x)$ sea el único polinomio de grado r que minimiza $\|E\|$ es que $E_p(x)$ presente al menos $(r+2)$ alternancias, es decir, deben existir al menos $(r+2)$ valores x_i en F_p tal que $x_1 < x_2 < \cdots < x_{r+2}$ y tal que $E_p(x_i) = -E_p(x_{i+1}) = \pm\|E\|$ para $i = 1, 2, \ldots, (r+1)$. [OPPENHEIM98].

El teorema anterior proporciona las condiciones necesarias y suficientes que debe cumplir el error para conseguir un comportamiento óptimo en el sentido de Chebyshev o mínimax. Aunque el teorema no indica explícitamente como obtener el filtro optimo, las condiciones que se presentan sirven como base para la obtención de un algoritmo eficiente.

2.2.5 Método de diseño de mínimos cuadrados. Las especificaciones para este método se dan en el dominio del tiempo y el diseño se lleva a cavo en el dominio del tiempo. Se supone que se especifíca $h_d(n)$ para $n \geq 0$. Se empieza con el caso simple, para el que el filtro digital que se diseña contiene solo polos, es decir,

$$H(z) = \frac{b_0}{1 + \sum_{k=1}^{N} a_k z^{-k}}$$

[44]

Se considera ahora, la conexión en cascada del filtro deseado $H_d(z)$ con el filtro inverso, todo ceros $1/H(z)$, como se ilustra en la figura 19. Se supone la configuración en cascada de la figura 19. Se excita con la secuencia del impulso unidad $\delta(n)$. Así, la entrada al sistema inverso $1/H(z)$ es $h_d(n)$ y la salida es $y(n)$. Idealmente, $y_d(n) = \delta(n)$. La salida real es

$$y(n) = \frac{1}{b_0}\left[h_d(n) + \sum_{k=1}^{M} a_k h_d(n-k)\right]$$

[45]

La condición $y_d(0) \equiv y(0) = 1$ se satisface seleccionando $b_0 = h_d(0)$. Para $n > 0$, $y(n)$ representa el error entre la salida deseada $y_d(n) = 0$ y la salida real. Por lo tanto, los parámetros $\{a_k\}$ se seleccionan para minimizar la suma de los cuadrados de la secuencia de error

$$\varepsilon = \sum_{n=1}^{\infty} y^2(n)$$

[46]

$$\varepsilon = \frac{\sum_{n=1}^{\infty} i\left[h_d(n) + \sum_{k=1}^{N} a_k h_d(n-k)\right]^2}{h_d^2(0)}$$

[47]

Derivando con respecto a los parámetros $\{a_k\}$, se obtiene el conjunto de ecuaciones lineales de la forma

$$\sum_{k=1}^{N} a_k r_{hh}(k,l) = -r_{hh}(l,0) \qquad l = 1, 2, ..., N$$

[48]

Donde, por definición,

$$r_{hh}(k,l) = \sum_{n=1}^{\infty} h_d(n-k) h_d(n-l)$$

[49]

$$r_{hh}(k,l) = \sum_{n=0}^{\infty} h_d(n) h_d(h+k-l-l) = r_{hh}(k-l)$$

[50]

La solución de la ecuación [48] produce los parámetros deseados para el sistema inverso $1/H(z)$. Así, obtenemos los coeficientes del filtro todos polos.

Figura 19. Método de diseño del filtro inverso de mínimos cuadrados

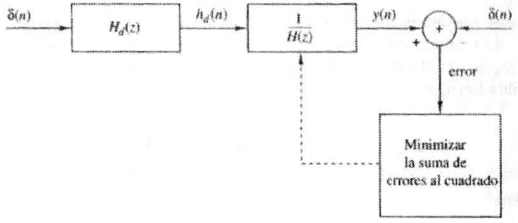

Fuente: PROAKIS, John. MANOLAKIS, Dimitris. Tratamiento de Señales. 3 ed. Madrid: Prentice Hall, 1998. 715 P.

En problema práctico de diseño, la respuesta impulsional deseada $y_d(n)$ se especifica para un conjunto finito de puntos, $0 \leq n \leq L$, donde $L \gg N$. En tal caso, la secuencia de correlación $r_{dd}(k)$ se puede calcular a partir de la secuencia finita $y_d(n)$ como

$$\hat{r}_{dd}(k-l) = \sum_{n=0}^{L-|k-l|} h_d(n) h_d(n+k-l) \quad 0 \leq k-l \leq N$$

[51]

Y estos valores se pueden usar para resolver el conjunto de ecuaciones lineales de [46]. El método de mínimos cuadrados se puede usar también en aproximación de polos y ceros para $H_d(z)$. Si el filtro $H(z)$ que aproxima $H_d(z)$ tiene polos y ceros, su respuesta al impulso unidad $\delta(n)$ es:

$$h(n) = -\sum_{k=1}^{N} a_k h(n-k) + \sum_{k=0}^{M} b_k \delta(n-k) \quad n \geq 0$$

[52]

O, equivalente,

$$h(n) = -\sum_{k=1}^{N} a_k h(n-k) + b_n \quad 0 \leq n \leq M$$

[53]

Para $n > M$, la ecuación [49] se reduce a

$$h(n) = -\sum_{k=1}^{N} a_k h(n-k) \quad n > M$$

[54]

Claramente, si $H_d(z)$ es un filtro de polos y ceros, su respuesta a $\delta(n)$ podría satisfacer las mismas ecuaciones [52] a [54]. En general, sin embargo, no es así. A pesar de todo, se puede usar la respuesta deseada $h_d(n)$ para $n > M$ para construir una estimación de $h_d(n)$ de acuerdo con la ecuación [54]. Es decir,

$$\hat{h}_d(n) = -\sum_{k=1}^{N} a_k h_d(n-k)$$

[55]

Después se puede seleccionar los parámetros del filtro $\{a_k\}$ para minimizar la suma de errores al cuadrado entre la respuesta deseada $h_d(n)$ y la estima $\hat{h}_d(n)$ para $n > M$. Así, se tiene

$$\varepsilon_1 = \sum_{n=M+1}^{\infty} \left[h_d(n) - \hat{h}_d(n) \right]^2$$

[56]

$$\varepsilon_1 = \sum_{n=M+1}^{\infty} \left[h_d(n) + \sum_{k=1}^{N} a_k h_d(n-k) \right]^2$$

[57]

La minimización de ε_1, con respecto a los parámetros de los polos $\{a_k\}$, conduce al conjunto de ecuaciones lineales

$$\sum_{l=1}^{N} a_l r_{hh}(k.l) = -r_{hh}(k,0) \qquad k = 1, 2, ..., N$$

[58]

Donde $r_{hh}(k,l)$ se define ahora como

$$r_{hh}(k,l) = \sum_{n=M+1}^{\infty} h_d(n-k)h_d(n-l)$$

[59]

Figura 20. Método de mínimos cuadrados para determinar los polos y ceros

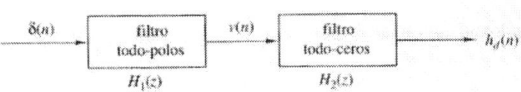

Fuente: PROAKIS, John. MANOLAKIS, Dimitris. Tratamiento de Señales. 3 ed. Madrid: Prentice Hall, 1998. 717 P.

Así, estas ecuaciones lineales producen los parámetros del filtro $\{a_k\}$. Nótese que estas ecuaciones se reducen a la de la aproximación del filtro todo polos cuando M se pone a cero. Los parámetros $\{b_k\}$ que determinan los ceros del filtro se pueden obtener simplemente de la ecuación [50] donde $h(n) = h_d(n)$, sustituyendo los valores $\{\hat{a}_k\}$ obtenidos resolviendo la ecuación [54]. Así,

$$b(n) = h_d(n) + \sum_{k=1}^{N} \hat{a}_k h_d(n-k) \qquad 0 \leq n \leq M$$

[60]

Por lo tanto, los parámetros $\{\hat{a}_k\}$ que determinan los polos que se obtienen en el método de mínimos cuadrados mientras que los parámetros $\{b_k\}$ que determinan los ceros que se obtienen mediante el método de aproximación de

Padé[*] [PROAKIS98]. Esta aproximación para determinar los polos y los ceros de $H(z)$ se denomina algunas veces método de Prony.

El método de mínimos cuadrados proporciona buenas estimas para los parámetros de los polos $\{a_k\}$. Sin embargo, el método de Prony puede no ser tan efectivo en estimar los parámetros $\{b_k\}$, principalmente porque el cálculo en la ecuación [56] no está basado en el método de mínimos cuadrados.

Un método alternativo para el que ambos conjuntos de parámetros $\{a_k\}$ y $\{b_k\}$ se determinan por la aplicación del método de mínimos cuadrados ha sido propuesto por Shanks (1967). En el método de Shanks, los parámetros $\{a_k\}$ se calculan en base al criterio de mínimos cuadrados, de acuerdo a la ecuación [54], como se indicó arriba. Esto produce las estimas $\{\hat{a}_k\}$, que permiten sintetizar el filtro de todo polos.

$$H_1(z) = \frac{1}{1+\sum_{k=1}^{N}\hat{a}_k z^{-k}}$$

[61]

La respuesta de este filtro al impulso unidad $\delta(n)$ es

$$v(n) = -\sum_{k=1}^{N}\hat{a}_k v(n-k) + \delta(n) \qquad n > 0$$

[62]

---

[*] Método para el diseño de filtros digitales directamente, donde las especificaciones y diseño se llevan a cavo en el dominio del tiempo

Si la secuencia $\{v(n)\}$ se usa para excitar un filtro todo ceros con la función de transferencia

$$H_2(z) = \sum_{k=0}^{N} b_k z^k \qquad \text{[63]}$$

Como se muestra en la figura 20, su respuesta es

$$\hat{h}_d(n) = \sum_{k=0}^{M} b_k v(n-k) \qquad \text{[64]}$$

Ahora se puede definir una secuencia de error $e(n)$ como

$$e(n) = h_d(n) - \hat{h}_d(n) \qquad \text{[65]}$$

$$e(n) = h_d(n) - \sum_{k=0}^{M} b_k v(n-k) \qquad \text{[66]}$$

Y, consecuentemente, los parámetros $\{b_k\}$ se pueden determinar también por medio del criterio de mínimos cuadrados, es decir, por la minimización de

$$\varepsilon_2 = \sum_{n=0}^{\infty} \left[h_d(n) - \sum_{k=0}^{M} b_k v(n-k) \right]^2 \qquad \text{[67]}$$

Así obtenemos un conjunto de ecuaciones lineales para los parámetros $\{b_k\}$, en forma

$$\sum_{k=0}^{M} b_k r_{vv}(k,l) = r_{hv}(l) \qquad l = 0,1,...,M$$

[68]

Donde, por definición

$$r_{vv}(k,l) = \sum_{n=0}^{\infty} v(n-k)v(n-l)$$

[69]

$$r_{hv}(k) = \sum_{n=0}^{\infty} h_d(n)v(n-k)$$

[70]

3. MEJORAMIENTO DE VOZ UTILIZANDO MATLAB

MATLAB es un programa interactivo para computación numérica y visualización de datos. Es ampliamente usado por ingenieros de diferentes ramas científicas en el análisis y diseño, ya que posee una extraordinaria versatilidad y capacidad para resolver problemas en matemática aplicada, física, química, ingeniería, finanzas y muchas otras aplicaciones. Está basado en un sofisticado software de matrices para el análisis de sistemas de ecuaciones.

MATLAB es una herramienta de software ideal para el estudio de procesamiento digital de señales (DSP). Su lenguaje tiene muchas de las funciones que se necesitan para crear y procesar señales. La capacidad de representación gráfica de MATLAB permite visualizar los resultados del procesamiento, facilitando la comprensión incluso en operaciones de alto grado de complejidad. Por estas características MATLAB brinda una excelente confiabilidad en sus resultados.

MATLAB dispone en la actualidad de un amplio abanico de programas de apoyo especializados, denominados *Toolboxes*, que extienden significativamente el número de funciones incorporadas en el programa principal. Estas *Toolboxes* cubren en la actualidad prácticamente casi todas las áreas principales en el mundo de la ingeniería y la simulación, destacando entre ellos la '*toolbox*' de proceso de imágenes, señal, comunicaciones, estadística, análisis financiero, redes neuronales, identificación de sistemas, simulación de sistemas dinámicos, etc.

Para la realización de este proyecto se ha contado con la herramienta de apoyo especializada para el procesamiento de señales denominada *Signal Processing Toolbox*. Esta *Toolbox* tiene una gran colección de funciones para el procesamiento de señales. Esta incluye funciones para:

➢ Análisis de filtros digitales incluyendo respuesta en frecuencia, retardo de grupo, retardo de fase.
➢ Implementación de filtros, tanto directo como usando técnicas en el dominio de la frecuencia basadas en la FFT.
➢ Diseño de filtros IIR, incluyendo Butterworth, Chebyschev tipo I, Chebyshebv tipo II y elíptico.
➢ Diseño de filtros FIR mediante el algoritmo óptimo de Parks-McClellan.
➢ Procesamiento de la transformada rápida de Fourier FFT, incluyendo la transformación para potencias de dos y su inversa, y transformada para no potencias de dos.

3.1 AUDIO EN EL PC

Los primeros ordenadores personales eran poco más que calculadoras programables, prácticamente sin capacidad de audio. Un PC normal contenía un pequeño altavoz que se usaba para emitir sonidos de aviso, la idea de hacer o procesar audio no se podía contemplar.

Con la llegada de hardware y software más eficiente, los ordenadores personales fueron más adecuados para la realización de audio y música. En particular las tarjetas de sonido venían integradas en los PCs. Estas tarjetas que se usaban para reproducir archivos MIDI, efectos de sonido y para gravar y reproducir archivos WAV, contenían circuitos integrados de síntesis FM y convertidores A/D y D/A.

La industria de los computadores ha adaptado tecnologías como CD, DVD, 3D audio y síntesis sonora y ha contribuido con su propio bus PCI, Win98, MMX, AC'97, IEEE1394 y USB. Estos diversos avances individualmente permiten una integración de las tecnologías y traen nuevo nivel de fidelidad y características al audio digital sobre el PC y a la multimedia en general [POHLMANN02].

3.2 IMPLEMENTACIÓN DEL SISTEMA

Figura 21. Diagrama de bloques del sistema a implementar

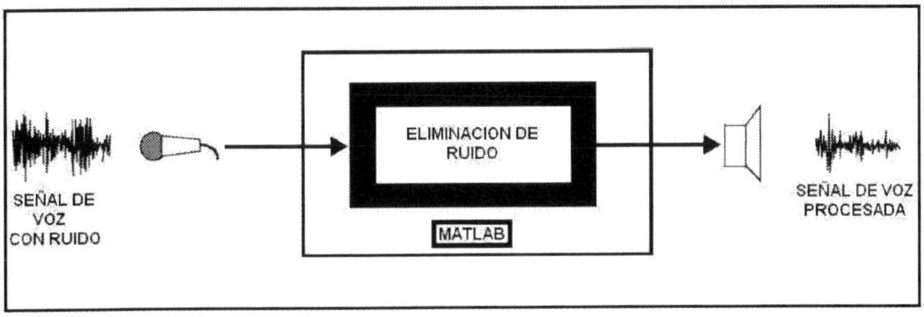

Fuente: Autores del proyecto

Se propone realizar una herramienta que mejore la calidad de una señal de audio (voz) usando el software MATLAB. El sistema consta de tres etapas principales: etapa de adquisición o captura y almacenamiento de la señal de audio, etapa de caracterización de la señal adquirida y por último etapa de procesado y almacenamiento.

3.2.1 Etapa de adquisición y almacenamiento de la señal de audio. La señal de voz básicamente está constituida por ondas de presión producidas por el aparato fonador humano. Con el fin de capturar este tipo de señal analógica, se utiliza un micrófono que convierte la onda de presión sonora en una señal eléctrica [OSORIO06]. Para realizar el procesado de señales analógicas de manera digital, es necesario hacer la conversión a este formato, esto significa, traducirlas a secuencia de números de precisión finita. Este procedimiento se denomina conversión analógico-digital (A/D) [PROAKIS98].

El proceso de adquisición se lleva a cabo haciendo uso de la tarjeta de sonido incorporada en el PC.

Mediante la interfaz gráfica es posible seleccionar el tipo de formato de los datos de entrada; de igual manera se define la duración de la señal y la frecuencia de muestreo como se muestra en la figura 22.

Figura 22. Selección tipo de formato de datos de entrada

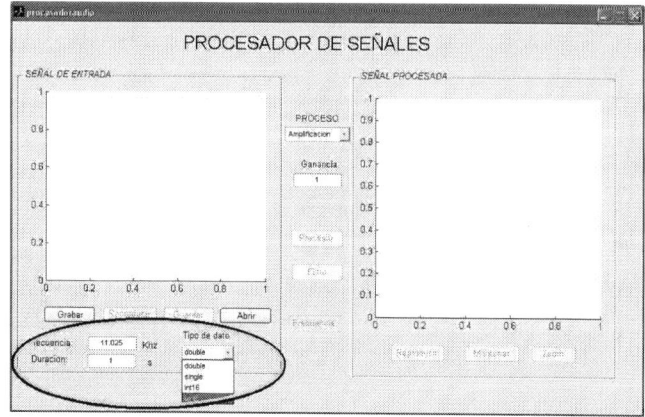

Fuente: Autores del proyecto

Una vez adquirida la señal se hace factible almacenarla o guardarla con el propósito de analizarla y procesarla adecuadamente. Esta señal se almacena en el disco duro del computador en formato WAV[*].

Se ha elegido almacenar la señal en este tipo de formato debido que proporciona gran compatibilidad entre distintas plataformas de ordenador de forma que el audio digital pueda ser almacenado, transmitido o trasladado a otros sistemas y ser reproducido o procesado de forma compatible. El formato WAV es el que más se adhiere a la especificación de formato de archivo de intercambio de recursos (*Resource Interchange File Format,* RIFF). Es utilizado para archivos de audio de 8, 12 y 16 bits sin comprimir, tanto mono como multicanal, a una gran variedad de frecuencias de muestreo en las que se incluye 44.1 Khz.

Figura 23. Adquisición de la señal mediante la interfase grafica de la herramienta diseñada

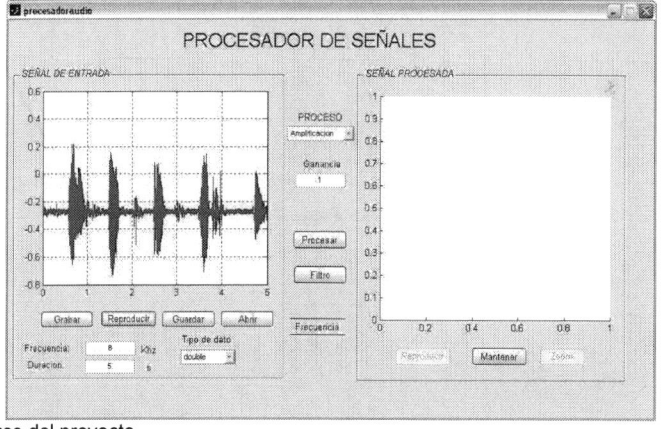

Fuente: Autores del proyecto

---
[*] WAV: formato de archivos de forma de ondas de audio (*Waveform Audio*) ver anexo A.

3.2.2 Etapa de caracterización de la señal adquirida. Uno de los objetivos de la herramienta es visualizar el espectro de voz de una forma clara para su interpretación posterior. Por ello se han estudiado una serie de técnicas para mostrar espectros más legibles. El resultado de estas técnicas se pueden observar en las dos figuras posteriores. En la parte superior se encuentra el espectro original obtenido mediante la transformada de Fourier y en la parte inferior el resultado tras calcular la densidad espectral de potencia.

Figura 24. Técnicas originales para mostrar espectros más legibles

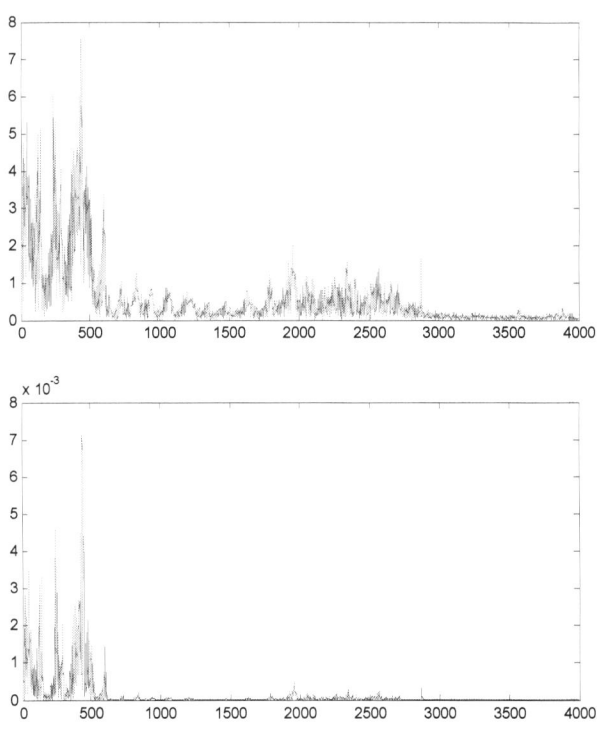

Fuente: Autores del proyecto

3.2.2.1 Descripción de la caracterización implementada: Una vez adquirida la señal de audio se caracteriza mediante el cálculo de la densidad espectral de potencia, ya que por este método se obtienen los componentes espectrales más relevantes de la señal, los cuales permiten al usuario, interpretar y determinar que componentes pueden llegar a ser indeseados, con el fin de decidir qué tipo de proceso se aplica para mejorar su calidad.

Figura 25. Caracterización de una señal adquirida

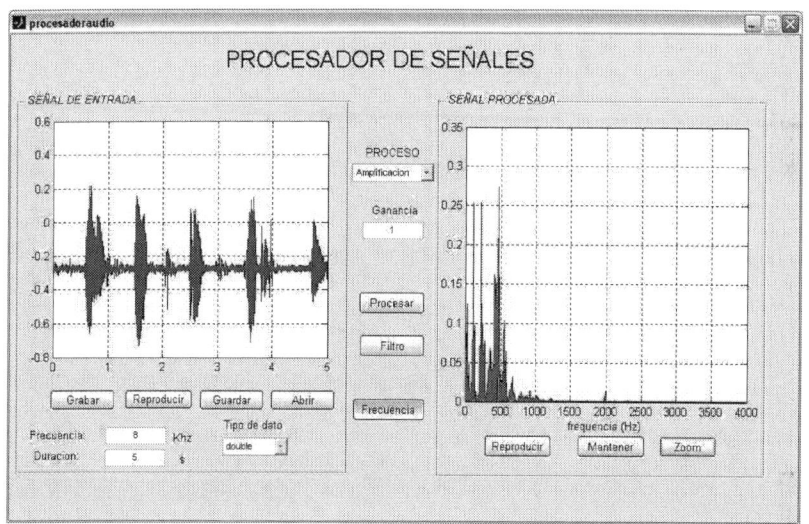

Fuente: Autores del proyecto

En caso de que el usuario desee observar más detalladamente un rango de frecuencias específico, el software cuenta un botón de zoom (acercamiento), el cual le permite concentrarse o detallar mejor el comportamiento de la señal en el dominio de la frecuencia sobre el rango seleccionado.

3.2.3 Etapa de procesado y almacenamiento de la señal. Dentro de los posibles procesos que se pueden aplicar fueron implementados los más utilizados en el campo de mejora de señales. Estos procesos son:

- Modificación del volumen
- Normalización
- Supresión de ruido por medio de filtrado
- Algoritmo de supresión de ruido

3.2.3.1 Modificación del volumen: Para realizar la modificación del volumen se debe multiplicar cada una de las muestras por un factor. Si el factor es mayor que uno aumenta el volumen, si es menor que uno disminuye el volumen y si es uno el volumen se queda sin modificar. Se debe recordar que si las muestras tomadas son de 8 bits se debe variar su rango para que el silencio se sitúe en el valor cero antes de cualquier operación, posteriormente, habrá que restaurar el silencio.

Un caso particular es cuando al multiplicar una muestra por un factor mayor que uno se produce desbordamiento. El compilador trunca los dígitos superiores, pero esta solución no es conveniente; es recomendable dejar la muestra con el mayor valor absoluto posible.

Para un caso particular en que se pretenda aumentar el volumen al máximo, sin que produzca saturación, se debe buscar la muestra de mayor valor absoluto y calcular el factor por el que se deba multiplicar para convertir esta muestra en el mayor valor que permita el rango. Posteriormente multiplicar todas las muestras por este factor [BERNAL00].

3.2.3.2 Normalización:

Una vez aplicado un determinado proceso a la señal, se habrán producido cambios en la ganancia general del sonido. La normalización aumenta o reduce la amplitud general o nivel de loudness de una señal a un punto seleccionado. Generalmente, sirve para llevar el pico de amplitud más alto de la señal justo por debajo del nivel de distorsión (0 dB).

Normalizando se consigue sacar el máximo partido del rango dinámico que se disponga (en audio digital, es mayor el rango de un archivo de 24 bit que el de otro a 16 bit). Sin embargo, no afecta al rango dinámico relativo de la propia señal de audio; en otras palabras, el rango dinámico entre el material de menor y mayor volumen de la propia señal queda inalterable, pero la señal suena a más volumen en general (aumentan en la misma proporción las partes de poco y mucho volumen). La normalización se define matemáticamente como:

$$Vnorm = \frac{V - \min(V)}{\max(V) - \min(V)},$$ [71]

Donde

V = Vector a normalizar.

$Vnorm$ = Vector normalizado (valores entre 0 y 1).

Para obtener una normalización con valores entre -1 y 1, la ecuación a implementar es la siguiente

$$Vnorm = \frac{V - \min(V)}{\max(V) - \min(V)} * 2 - 1,$$ [72]

V = Vector a normalizar.

V_{norm} = Vector normalizado (valores entre -1 y1).

3.2.3.3 Supresión de ruido por medio de filtrado: La reducción de ruido es un problema tradicional en el procesamiento de señales y juega un papel muy importante en este campo; los sistemas lineales convencionales de técnicas de filtrado han sido ampliamente usados en problemas de reducción de ruido obteniendo resultados satisfactorios.

En este trabajo se ha querido implementar una serie de filtros digitales de respuesta al impulso finita (FIR) orientados a la eliminación de ruido en la señal de voz. Para realizar dicho proceso la herramienta diseñada cuenta con diferentes tipos de filtros los cuales, pueden ser seleccionados por el usuario dependiendo del análisis realizado sobre la caracterización de la señal. Estos filtros son:

- Filtro pasa bajos
- Filtro pasa altos
- Filtro pasa banda
- Filtro rechaza banda

Estos cuatro tipos de filtros son implementados mediante los tres diferentes métodos anteriormente expuestos en el capítulo 2. Estos métodos son:

- Método de ventanas:
- Ventana de Kaiser
- Ventana de Bartlett

- Ventana de Hamming
- Algoritmo de Parks – McClellan
- Mínimos cuadrados (*Least Squares*)

De esta forma el usuario puede aplicar a una misma señal cada uno de estos métodos y así obtener sus propias conclusiones sobre cada uno de los métodos implementados.

Una vez la señal ha sido adquirida, caracterizada y analizada, se procede con la etapa de filtrado, en la cual es el usuario quien debe diseñar el filtro seleccionado.

3.2.3.4 Algoritmo de supresión de ruido: En la actualidad, difícilmente se encuentra documentación sobre un método o algoritmo específico que sea capaz de reducir niveles de ruido presentes en una señal de audio. Sin embargo, la empresa Microchip tecnology Inc. ha publicado un artículo donde trata específicamente sobre la supresión de ruido. Este artículo, provee los pasos para el diseño de un algoritmo capaz de suprimir ruidos que interfieren cuando se habla a través de un micrófono. Se trata de ruidos ambientales, dentro de los cuales están presentes los tipos de ruido aditivos y convolucional.

El algoritmo de supresión de ruido se divide en las siguientes funciones.

- Filtrado
- Transformada rápida de Fourier (FFT)
- Calculo de la banda de energía
- Calculo de la relación señal a ruido (SNR) en cada banda

- Calculo del factor de escalamiento
- Detección de Actividad de voz y cálculo de la banda de energía del ruido
- Escalamiento de las bandas de frecuencia
- Conversión al dominio del tiempo (IFFT)

Figura 26. Diagrama de bloques del algoritmo de supersesión de ruido

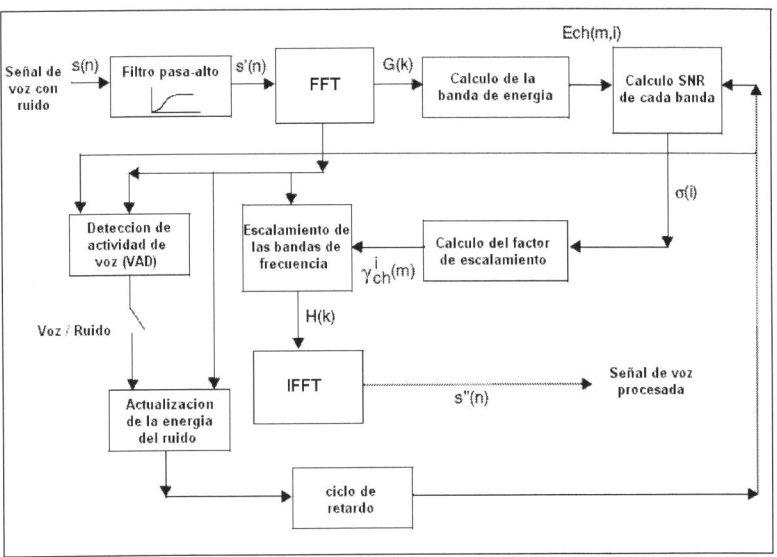

Fuente: MICROCHIP. dsPIC. [En línea] Arizona, 2006. Disponible en internet URL: http://ww1.microchip.com/downloads/en/DeviceDoc/70133c.pdf

La figura 26 muestra el diagrama de bloques del algoritmo de supresión de ruido publicado por Microchip. Las etapas de este algoritmo se describen a continuación.

- Filtrado

Con el fin de remover o eliminar, la componente de DC y otros componentes de baja frecuencia que no pertenecen a la señal de voz, se implementa, un filtro pasa altos con frecuencia de corte de 80Hz cuya función de transferencia está dada por:

$$H(Z) = 0.5 \frac{0.92727435 - 1.8544941 \, z^{-1} + 0.92727435 \, z^{-2}}{1 - 1.9059465 \, z^{-1} + 0.9114024 \, z^{-2}}$$
[73]

La salida de esta etapa se denota en el diagrama de bloques como s'(n).

➢ Transformada rápida de Fourier (FFT)

Sin lugar a duda, es el dominio de la frecuencia quien aporta la información más relevante de una señal en tiempo discreto. Por tal motivo en éste algoritmo implementa una FFT enventanada de 128 puntos. La ecuación de la ventana que se utilizó para realizar el enventanado se muestra en la tabla 3.

Tabla 3. Coeficientes ventana trapezoidal

Coeficientes de la ventana	Para
$sen^2(\pi(n+0.5)/2D)$	$0 \leq n < D$
1	$D \leq n < L$
$sen^2(\pi(n-L+D+0.5)/2D)$	$L \leq n < D+L$
0	$D+L \leq n < M$

Fuente: MICROCHIP. dsPIC. [En línea] Arizona, 2006. Disponible en internet URL: http://ww1.microchip.com/downloads/en/DeviceDoc/70133c.pdf

Donde

D = Numero de las muestras solapadas con tramo anterior = 24
L = Numero de muestras por tramo
M = Longitud de la FFT = 128

Figura 27. Ventana trapezoidal

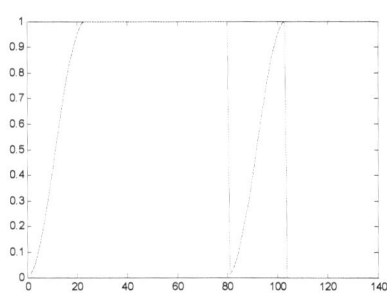

Fuente: Autores del proyecto

La señal en el dominio de la frecuencia es representada como G(k).

➤ Energía de la señal

El cálculo de la energía, se lleva a cabo dividiendo el espectro de la señal de voz en 16 bandas no uniformes, éste es dividido como se muestra en la tabla 4.

Tabla 4. División en bandas del espectro de frecuencia

BANDA	FRECUENCIA INICIAL (FFT) fl	FRECUENCIA FINAL (FFT) fh
1	2	3
2	4	5
3	6	7
4	8	9
5	10	11
6	12	13
7	14	16
8	17	19
9	20	22
10	23	26
11	27	30
12	31	35
13	36	41
14	42	48
15	49	55
16	56	63

Fuente: MICROCHIP. dsPIC. [En línea] Arizona, 2006. Disponible en internet URL: http://ww1.microchip.com/downloads/en/DeviceDoc/70133c.pdf

La energía es calculada de manera independiente en cada una de las bandas, abarcando así todo el espectro de la voz. La energía se determina de acuerdo a la ecuación 74.

$$E_{ch}(m,i) = \max \left\{ E_{\min}\alpha_{ch}E_{ch}(m-1,i) + (1-\alpha_{ch}) \frac{\sum_{k=fl(i)}^{k=fh(i)} |G(k)|^2}{fh(i) - fl(i) + 1} \right\}$$ [74]

Dónde:

α_{ch} = 0 para el primer tramo y 0.55 para los demás tramos.

$E_{\min}$ = 0.0625

$G(k)$ = Es la FFT de la señal de entrada, y m denota el tramo actual.

Realizando el cálculo de la energía, se logra determinar o distinguir segmentos sordos y sonoros en la señal de voz.

➢ Relación señal a ruido (SNR) en cada una de las bandas

El cálculo de la relación señal a ruido (SNR) se realiza en cada una de las bandas de frecuencia de la siguiente forma

- Se calcula la energía de cada banda de la señal.
- Se hace una estimación inicial de la energía del ruido en cada banda.

De esta forma la SNR es calculada como muestra la ecuación 75.

$$\sigma(i) = \max \left\{ 0, round \left(10\log \left(\frac{E_{ch}(m,i)}{E_n(m,i)} \right) \right) \right\}$$ [75]

Dónde:

$E_n(m,i)$ = Energía del ruido estimada para el primer tramo.

> Factor de escalamiento

El factor de escala, por el que la señal será multiplicada en cada banda de frecuencias es calculado en ésta etapa. Para cada banda de frecuencias, el factor de escala se obtiene substrayendo un término constante de 15 dB de la relación señal a ruido SNR de cada banda (fase anterior). Cada factor de escala se convierte entonces de una escala lineal a una escala logarítmica.

Si i es el índice de la banda de frecuencias, para la que será calculado el factor de escala, entonces el factor de escalamiento, en la escala logarítmica está dada por:

$$\gamma^i_{dB}(m) = \min(\sigma(i) - 15,\ 0) \qquad [76]$$

Donde

$\sigma(i)$ = Relación señal a ruido SNR.

El valor así obtenido, puede convertirse a la escala lineal de la siguiente forma

$$\gamma^i_{ch}(m) = 10^{\gamma^i_{dB}(m)/20} \qquad [77]$$

➤ Detección de Actividad de voz (VAD) y cálculo de la banda de energía del ruido.

Las bandas de energía del tramo actual y la banda de energía del ruido, son comparadas en orden para poder clasificar el tramo actual como "tramo de ruido" o "tramo de voz". Si el tramo actual es declarado como un tramo de ruido por la función de VAD, entonces la energía de la banda de ruido se actualiza.

Para los primeros 12 tramos, independientemente de si estos tramos son sólo ruido o son tramos de voz ruidosa, la banda de energía del ruido, es actualizada continuamente usando la banda de energía calculada anteriormente.

El siguiente procedimiento es usado para determinar si el tramo actual es ruido o no:

- Se inicia un contador en cero. Cada energía de la banda señalada, se compara con la energía del ruido de la banda correspondiente.
- Si la energía de la banda de la señal, es mayor 1.5 veces la energía de la banda de ruido, el contador es incrementado.
- Si el contador, es mayor de 5 para el tramo actual (es decir, si 5 de las 16 bandas de energía son mayores de 1.5 veces la banda de energía del ruido correspondiente), entonces el tramo actual se considera como un tramo de voz.

Por otra parte, si el tramo actual es determinado como un tramo de ruido, la energía de la banda de ruido es actualizada usando el método de la integración por partes dado por la ecuación 78

$$E_n(m+1,i) = \max\{E_{\min}, (\alpha_n E_n(m,i) + (1-\varepsilon_n) E_{cn}(m,i))\} \quad 0 \le i \le Nc \quad \textbf{[78]}$$

Donde ε_n es una constante que debe ser calcular, con el fin de hacer más eficiente el algoritmo de supresión de ruido.

- Calculo de la constante ε_n

Como se ha mencionado, la eficiencia de este algoritmo depende en su totalidad de la selección adecuada de la constante ε_n. Con el fin de poder encontrar el valor adecuado de ésta, se desarrolló un algoritmo en MATLAB que por medio de iteraciones decidiera cuál sería el valor más cercano al óptimo. Este valor se consideró de la siguiente forma: se tomó una señal de prueba, que pasa varias veces por el sistema (algoritmo de supresión de ruido), cada vez que este algoritmo es ejecutado se calcula la relación señal a ruido (SNR) y al mismo tiempo se varía la constante ε_n de una forma controlada. El valor seleccionado fue el que menor relación señal a ruido (SNR) presentó para la misma señal.

> Escalado de las bandas de frecuencia

Los componentes de salida, de la FFT dentro de cada banda de frecuencias son multiplicados por el factor calculado para esa banda de frecuencias particulares en la etapa de cálculo del factor de escala. Esto con lleva, a una operación eficiente de filtrado en el dominio de la frecuencia.

Para cada componente de frecuencias k, dentro de una banda de frecuencias i, la salida H(k) escalada se obtiene como:

$$H(k) = \begin{cases} \gamma_{ch}(i) \cdot G(k); & fl(i) \leq k \leq fh(i) \\ G(k); & 0 \leq fl(0), \ fh(Nc-1) < k \leq m/2 \end{cases} \quad \textbf{[79]}$$

Donde la ecuación inferior representa las frecuencias que no han sido alteradas por los factores de escala. Puesto que se requiere, que la magnitud de H(k) sea una sola función y la fase sea una función impar, la siguiente ecuación se aplica al cálculo anterior.

$$H(M-k) = H^*(k), \qquad 0 < k < M/2 \quad \textbf{[80]}$$

➢ Conversión al dominio del tiempo (IFFT)

Finalmente, los componentes frecuenciales escalados de la señal, son convertidos al dominio del tiempo aplicando la transformada inversa de Fourier IFFT, obteniendo la señal de salida con un nivel de ruido reducido. De esta forma la señal s''(n) es la salida final del algoritmo de supresión de ruido.

4. IMPLEMENTACIÓN DEL SISTEMA EN UN PROCESADOR DE SEÑALES DIGITALES

El desarrollo de los microcontroladores clásicos (MCU) y sus ámbitos típicos de aplicación han comenzado a quedar saturados por la diversidad de la oferta del mercado mundial. Los campos previstos con crecimientos espectaculares están relacionados con las comunicaciones, el procesamiento de la imagen y el sonido, el control de motores y todo aquello que conlleva el procesamiento digital de las señales, los cuales requieren desarrollos matemáticos de complejidad y rapidez superior a los MCU, haciendo imprescindibles los DSP (Procesadores Digitales de Señal). En el intento de acercar a los actuales consumidores de MCU al procesamiento digital de las señales, Microchip, el líder mundial de los microcontroladores de 8 bits, ha desarrollado los DSC (Controladores Digitales de Señal), que son una combinación de microcontroladores MCU con los recursos básicos de los DSP. De esta forma los DSC ocupan el nivel intermedio entre los MCU y los DSP. En la actualidad ya se comercializan más de 60 modelos de este tipo de "microcontroladores especiales" reunidos en las familias dsPIC30F y dsPIC33F.

4.1 CARACTERÍSTICAS DEL PROCESADOR DIGITAL DE SEÑALES

Como ya se mencionó, los dsPIC poseen unas características determinadas que lo hacen un procesador adecuado para el procesamiento de señales digitales. Estos procesadores ofrecen altos beneficios como su bajo costo, facilidad de manejo, alto rendimiento debido a su arquitectura híbrida que toma las facilidades de programación de los microcontroladores y la velocidad de procesamiento de los DSP. A continuación se nombran las características más relevantes de los dsPIC.

4.1.1 Rango de funcionamiento

- DC – 30MIPS (30MIPS a 4,5 – 5,5V, -40° a 85 °C).
- Voltaje de alimentación de 2,5 a 5,5 V.
- Temperatura: interna de -40° a 85 °C y externa de -40° a 125 °C.

4.1.2 CPU de alto rendimiento

- Núcleo RISC con arquitectura Harvard modificada.
- Juego de instrucciones optimizado para lenguaje C.
- Bus de datos de 16 bits.
- Bus de instrucciones de 24 bits.
- Repertorio de 84 instrucciones, la mayoría de una palabra de tamaño y ejecutable en un ciclo.
- Banco de 16 registros de propósito general de 16 bits.
- Dos acumuladores de 40 bits, con opciones de redondeo y saturación.
- Modos complejos de direccionamiento indirecto: Modular o Circular y de inversión de bits o "bitreversed".
- Manejo de la pila por software.
- Multiplicador para enteros y fraccionales de 17X17.
- División de 32/16 y 16/16.
- Operación de multiplicación y acumulación en un ciclo.
- Registro de desplazamiento de 40 bits.

4.1.3 Controlador de interrupciones

- Latencia de 5 ciclos.
- Hasta 45 fuentes de interrupción, 5 externas.
- 7 niveles de prioridad, programables.
- 4 excepciones especiales.

4.1.4 Entradas y salidas digitales

- Hasta 54 pines programables de E/S digitales.
- 25 mA de consumo por cada pin de E/S.

4.1.5 Memorias

- Memoria de programa FLASH de hasta 144 KB con 100.000 ciclos de borrado/escritura.
- Memoria de datos EEPROM de hasta 4 KB con 1.000.000 de ciclos de borrado/escritura.
- Memoria de datos SRAM de hasta 8 KB.

4.1.6 Manejo del sistema

- Flexibles opciones para el reloj de trabajo (externo, cristal, resonador, RC interno, totalmente integrado PLL, etc.).
- Temporizador programable de "POWER UP".
- Temporizador/estabilizador del oscilador "start-up".
- Perro guardián con oscilador RC propio.

➤ Monitor de fallo de reloj.

4.1.7 Control de alimentación

➤ Conmutación entre fuentes de reloj en tiempo real.
➤ Manejo de consumo de los periféricos.
➤ Detector programable de voltaje bajo.
➤ Reset programable de "brown-out".
➤ Modos de bajo consumo IDDLE y SLEEP.

4.1.8 Temporizadores, módulos de captura, comparación y PWM

➤ Hasta 5 temporizadores de 16 bits, logrando concatenar parejas para alcanzar 32 bits y pudiendo trabajar en tiempo real con oscilador externo de 32 KHz.
➤ Módulo de entrada de 8 canales para la captura por flanco ascendente, descendente o ambos.
➤ Módulo de salida de comparación hasta 8 canales, en modo simple o doble de 16 bits.
➤ Módulo PWM de 16 bits.

4.1.9 Módulos de comunicación

➤ Hasta 2 módulos SPI de tres líneas.
➤ Interfaz I/O con CODEC.
➤ I^2C^{TM} con módulo multi-maestro esclavo, con 7 y 10 bits de direccionamiento y con detección y arbitraje de colisiones de bus.

- Hasta 2 módulos UART.
- Módulo de interfaz CODEC que soporta los protocolos I2S y AC97.
- Hasta 2 módulos CAN 2-0B.

4.1.10 Periféricos para el control de motores

- PWM para el control de motores de hasta 8 canales con cuatro generadores de "duty cicle", modo complementario o independiente y tiempos muertos de programación.
- Módulo de codificación de cuadratura.

4.1.11 Conversor analógico/digital

- Módulo conversor A/D de 10 bits y 500 Ksps, con 2 o 4 muestras simultáneas y hasta 16 canales de entrada, conversión posible en el modo SLEEP.
- Módulo conversor A/D de 12 bits y 100 Ksps, con hasta 16 canales de entrada y conversión posible en el modo SLEEP.

En la figura 28 se puede apreciar la imagen de un dsPIC 30F6014 el cual es de propósito general y es el escogido para la implementación de este proyecto.

Figura 28. dsPIC 30F6014-I/PF

Fuente: Autores del proyecto

4.2 TARJETA DE DESARROLLO dsPICDEM™

Se ha utilizado la tarjeta de desarrollo dsPICDEM™ 1.1 de Microchip.

Ésta placa proporciona un sistema de desarrollo de aplicaciones de bajo costo, con la que es más fácil familiarizarse con la arquitectura de 16 bits de los microcontroladores de señal dsPIC.

Las características principales de la placa son las siguientes:

- Un chip dsPIC30F6014.
- Canales de comunicación UARTs, SPI™, CAN y RS-485.
- Un codec (codificador - decodificador) de banda de voz Si3000 *voiceband* con conectores de micrófono y altavoces.
- Un área de placa universal para incluir componentes propios.

- Una pantalla gráfica LCD de 122 x 32.
- Soporte para el grabador/depurador MPLAB® ICD 2.
- LEDs, interruptores y potenciómetros.
- Sensor de temperatura
- Potenciómetros digitales para uso de CDA

Figura 29. Tarjeta de desarrollo dsPICDEM-1.1

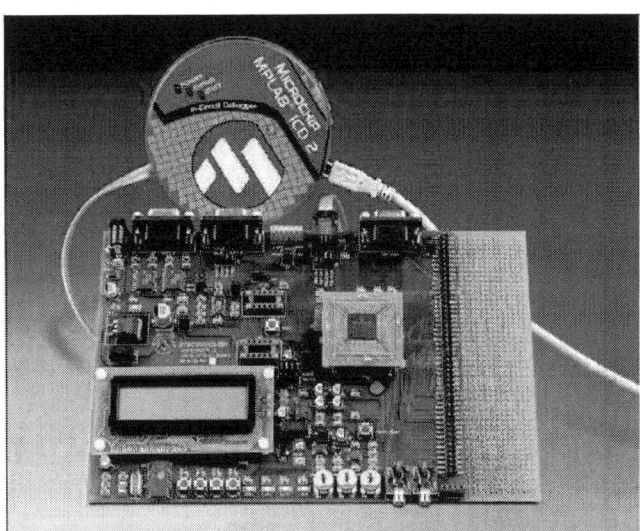

Fuente: MICROCHIP. dsPIC. [En línea] Arizona, 2006. Disponible en internet URL: http://ww1.microchip.com/downloads/en/DeviceDoc/70099D.pdf

El elemento más importante de esta placa es el codec Si3000, el cual permite la captura y digitalización de señales de voz de la entrada de micrófono y la conversión de señales digitales a analógicas para excitar los altavoces. Todas las actividades para el estudio de la implementación de sistemas digitales en esta tarjeta se centran en el codec, ya que es éste elemento el que permite introducir una señal del exterior y generar una señal analógica como salida del sistema. De esta forma se implementa el algoritmo de procesado de señal en el dsPIC en el punto intermedio entre la entrada y la salida del codec. En el anexo B se muestra un algoritmo implementado en el dsPIC que captura una señal y de igual forma devuelve dicha señal, se especifica el punto donde se realiza tal procesado. Ver figura 30.

En el anexo C se muestran las características más importantes del CODEC SI3000 utilizado y un acceso a la hoja de datos.

Figura 30. Resultado del algoritmo expuesto en el anexo B implementado en la tarjeta dsPICDEM-1.1

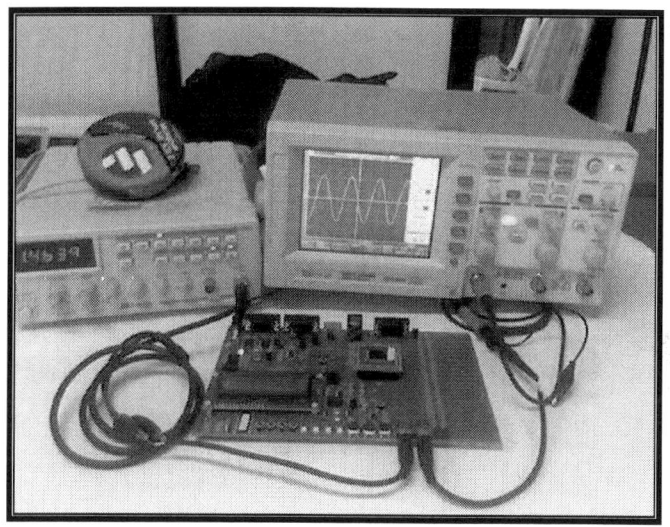

Fuente: Autores del proyecto

4.3 IMPLEMENTACIÓN DEL SISTEMA

Figura 31. Diagrama de bloques del sistema a implementar en el dsPIC30F6014

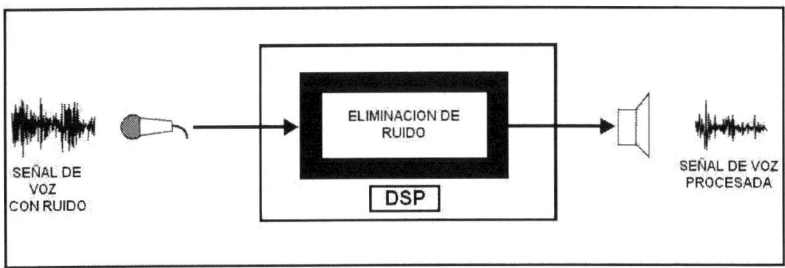

Fuente: Autores del proyecto

Se propone, implementar un dispositivo basado en el procesamiento digital de señales que tenga la característica de suprimir o eliminar los efectos de ruido que se producen cuando una persona habla a través de un micrófono.

Para llevar a cabo, el proceso de implementación y desarrollo de este dispositivo, se buscaron recursos o herramientas que fueran de ayuda para optimizar el funcionamiento de éste. En esta búsqueda se encontró que de igual forma, como sucede en algún software especializado, los dsPIC poseen programas de apoyo especializados y librerías orientadas a usos específicos, ofreciendo un alto rendimiento y optimización del algoritmo. Dentro de los programas de apoyo especializados y librerías se encuentran:

➢ Programas de apoyo especializados
• MPLAB IDE: Herramienta que proporciona un entorno sencillo y potente para el desarrollo del software necesario con dsPIC.

- MPLAB ASM30: Macro ensamblador que permite trabajar con total flexibilidad en lenguaje ensamblador.
- MPLAB SIM30: Simula el comportamiento de la CPU y de sus periféricos asociados.
- MPLAB C30: Compilador optimizado para el lenguaje C que reduce considerablemente el código generado.
- MPLAB VDI: Permite realizar la configuración del procesador de una manera gráfica.
- dsPICworks: Esta herramienta hace más sencillo evaluar y analizar los algoritmos DSP.
- dsPICfdlite: Herramienta para el diseño y análisis de filtros digitales FIR e IIR.

➤ Librerías especializadas

- Librería matemática: Sigue el estándar IEEE 754 con funciones matemáticas en coma flotante y doble precisión.
- Librería para la supresión de ruido: Proporciona funciones especiales para la reducción de ruido.
- Librería de algoritmos DSP: contiene funciones DSP para filtros, transformadas, operaciones matriciales y vectoriales, operaciones de convolución y correlación, etc.
- Librería de protocolos TCP/IP: soporta la conexión rápida a Internet y los protocolos de diversas capas.
- Librerías CAN: soporta los periféricos tipo CAN, los cuales pueden ser acoplados a los dsPIC.
- Librería de encriptado: implementan aplicaciones de seguridad usando librerías de cifrado de calve simétrica y asimétrica.

4.3.1 Supresión de ruido por medio de filtrado. Se realizó la implementación de un algoritmo que reduce los niveles de ruido localizados en alguna parte del espectro en frecuencia. Estos ruidos por lo general son muy molestos para el oído, haciendo difícil la inteligibilidad de los mensajes, ya que poseen un alto nivel de energía.

Esta técnica, consiste en realizar un arreglo de filtros, los cuales dependen de las frecuencias que se consideren como indeseadas. La implementación de esta técnica se lleva a cabo de la siguiente manera.

Inicialmente se diseñó un filtro pasa banda, el cual es el encargado de discriminar todas las componentes espectrales que se encuentran fuera del rango de la voz, ver figura 33, estos filtros fueron diseñados utilizando la herramienta dsPIC FD lite que proporciona Microchip. Figura 32

Figura 32. Entorno grafico de la herramienta dsPIC FD lite, diseño filtro FIR pasa banda

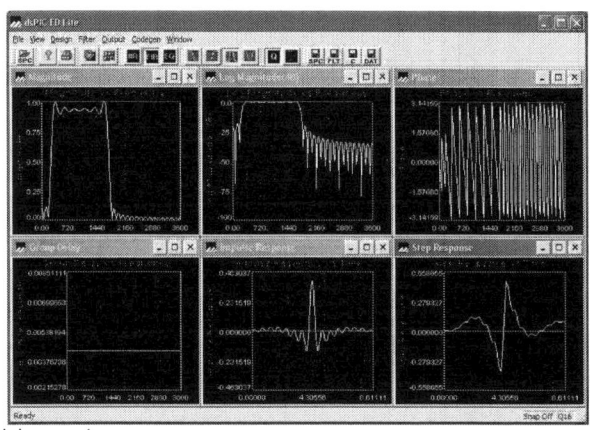

Fuente: Autores del proyecto

Figura 33. Respuesta en frecuencia del filtro FIR pasa banda

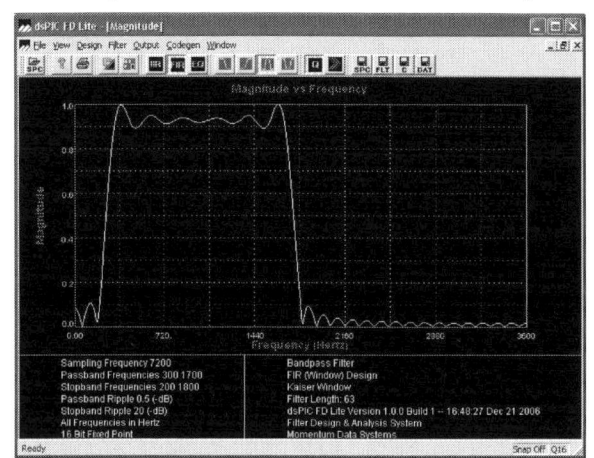

Fuente: Autores del proyecto

Este filtro posee frecuencias de corte entre 200Hz y 1800Hz, debido a que en este rango es donde se encuentra la mayor información de la voz.

Debido a que estos filtros son selectivos en frecuencia, se debe conocer que componentes frecuenciales integran el ruido. Una vez conocidas estas componentes, se procede a diseñar el filtro o los filtros necesarios que efectúen la supresión o eliminación de las componentes espectrales de dicho ruido. Por consiguiente si desea efectuar la eliminación de un ruido cuyo componente frecuencia es de 1KHz se procede de la siguiente manera:

La señal de entrada es pasada por el filtro pasa banda anteriormente descrito, seguido de esto la señal de salida de este filtro pasa a través de otro filtro, que para este caso será un filtro supresor banda, ver figura 34 . De esta forma se obtiene una señal de salida libre de este ruido en particular.

Figura 34. Respuesta en frecuencia del filtro FIR supresor de banda

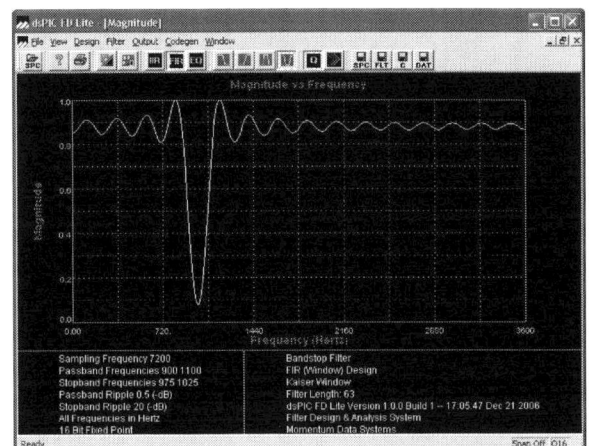

Fuente: Autores del proyecto

Para ruidos con componentes frecuenciales numerosos, es necesario realizar la implementación de varios filtros programados en serie, dando como resultado un elevado costo computacional y un retardo en la señal de salida. Es por este motivo que se hace necesario realizar un algoritmo de mayor eficiencia en el caso de que el ruido a eliminar se encuentre presente en todo o parte del espectro frecuencial de la voz.

4.3.2 Algoritmo de supresión de ruido. Como se ha comentado, difícilmente se encuentra documentación sobre un método o algoritmo específico que sea capaz de reducir niveles de ruido presentes en una señal de audio. Sin embargo, la empresa Microchip tecnology Inc. ha desarrollado y comercializado una librería con funciones específicas para la eliminación de ruido. Esta librería incluye funciones para facilitar el desarrollo de algoritmos que cumplan con este fin.

Una vez obtenida la librería, se procedió con la implementación del algoritmo de supresión de ruido. De manera similar a lo expuesto en la sección 3.2.3.4 éste algoritmo se divide en las etapas siguientes.

- Adquisición de la señal
- Filtrado
- Transformada rápida de Fourier (FFT)
- Cálculo de la banda de energía
- Cálculo de la relación señal a ruido (SNR) en cada banda
- Calculo del factor de escalamiento
- Detección de Actividad de voz y cálculo de la banda de energía del ruido
- Escalamiento de las bandas de frecuencia
- Conversión al dominio del tiempo (IFFT)

Figura 35. Diagrama de bloques del algoritmo de supersesión de ruido en el dsPIC

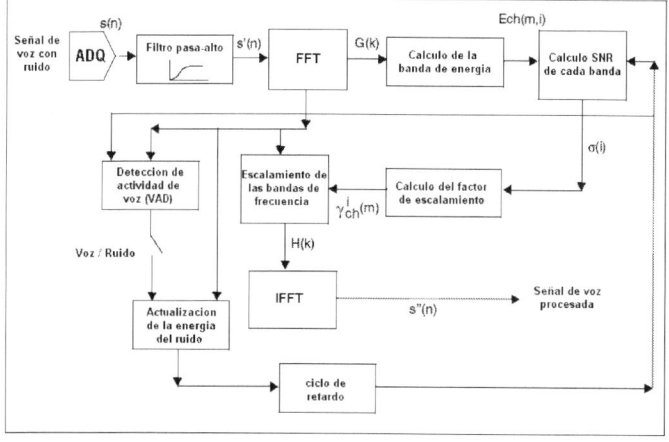

Fuente: MICROCHIP. dsPIC. [En línea] Arizona, 2006. Disponible en internet URL: http://ww1.microchip.com/downloads/en/DeviceDoc/70133c.pdf

La figura 35 muestra el diagrama de bloques del algoritmo de supresión de ruido recomendado por Microchip. La explicación de cada una de estas etapas se encuentra expuesta en la sección 3.2.3.4 con excepción de la etapa de adquisición de la señal que es descrita a continuaron.

4.3.2.1 Adquisición de la señal: Una de las etapas más importantes de este algoritmo, sin lugar a duda, es la adquisición de la señal. Pues es de ésta que depende todo proceso digital que sea aplicado a una señal, por tal motivo, para la ejecución adecuada de este algoritmo, se ha dedicado una parte importante de tiempo a la adquisición de la señal.

El proceso de adquisición de la señal, se realiza por intermedio del codec SI3000 (ver características. Anexo C) que se encuentra incorporado en la tarjeta de desarrollo dsPICDEM-1.1 que se va a utilizar. Una parte importante dentro de éste proceso es la comunicación que debe existir entre el codec y el dsPIC. Para la comunicación entre estos dos dispositivos se utilizó el módulo de Interfaz del Convertidor de Datos (DCI), el cual permite la interconexión sencilla de dispositivos, tales como codificadores/decodificadores de audio, convertidores A/D y D/A. este protocolo acepta las siguientes interfaces:

- Transferencia de trama de serie síncrona (de uno o varios canales).
- Interfaz de sonido Inter-IC (I^2S).
- Modo AC (modo de link conforme).

El módulo DCI, es empleado fundamentalmente como interfaz de alta calidad de aplicaciones de voz y sonido comprendidas entre 8 y 48KHz y con palabras de 13 a 24 bits para codificadores. Es muy útil para telefonía y modem, efectos musicales de instrumentos, reconocimientos de voz, comprensión de voz y audio, eliminación del eco o de otras perturbaciones sonoras, etc. Soporta los protocolos I^{2}S (*Inter IC Sound*) y AC'97. Soporta hasta 16 ranuras de tiempo para un tamaño máximo de la trama de 256 bits. Es capaz de almacenar hasta 4 muestras sin supervisión de la CPU.

Para la implementación de éste dispositivo, se configuró la comunicación haciendo que el módulo DCI del dsPIC actúe en modo esclavo y el codec SI3000 actúe en modo maestro manejando el reloj serie y el modo de operación de tramos síncrono. Para tal efecto de configuración, se debe colocar un oscilador de 14.7456 MHz al codec SI3000. De igual forma está configurado para que actúe a una frecuencia de muestreo de 8KHz con una palabra de 16 bits. Son activados los altavoces, ganancia de recepción y ganancia de transmisión de 0dB, parámetros de atenuación de 0dB.

Después de inicializar todos los registros de control del SI3000, es necesario introducir un retardo para efectos de calibración. Por último, con el fin de ejecutar el proceso en tiempo real, la interrupción DCI del dsPIC es habilitada.

Una vez configurada la comunicación, se procede a capturar la señal en tramos de 10ms, que con la frecuencia de muestreo especificada, corresponde a adquirir 80 muestras en un buffer de igual longitud.

De esta forma se concluye la etapa de adquisición de la señal y se inicia el proceso de la misma implementando el algoritmo de supresión de ruido descrito en la parte principal de éste ítem.

5. PRUEBAS Y RESULTADOS

En este capítulo se muestran las experiencias y resultados obtenidos después del proceso de experimentación con los algoritmos creados en MATLAB y en el dsPIC para el sistema de mejoramiento de señales de audio. En primer lugar, se muestran los resultados obtenidos durante su simulación en la herramienta MATLAB (en tiempo diferido) y posteriormente se muestran los resultados de la simulación hecha en tiempo real sobre la plataforma dsPICDEM -1.1.

5.1 PRUEBAS Y RESULTADOS DEL SISTEMA IMPLEMENTADO EN MATLAB

Las pruebas realizadas demuestran que el sistema implementado en MATLAB cumple con las expectativas propuestas por los autores. Este sistema está apoyado en una interfaz gráfica de fácil entendimiento y manejo para el usuario, en la cual se implementaron diferentes técnicas orientadas al mejoramiento de voz.

➢ Modificación del volumen

Para realizar esta prueba se siguen los siguientes pasos:
- Primero que todo, se debe cargar la señal que va a ser procesada.
- Se digita dentro de la casilla ganancia, el factor por el cual se multiplica la señal de voz.
- Seguido de esto, se oprime el botón de procesar, para que finalmente se obtenga la señal con un volumen modificado. Se debe tener en cuenta la teoría expuesta en la sección 3.2.3.1 para realizar dichas modificaciones.

- Finalmente, esta herramienta tiene la opción de almacenar en disco tanto la señal que va ha procesarse como la señal ya procesada.

En la figura 36, se puede apreciar en la parte izquierda una señal capturada con una frecuencia de muestreo de 8KHz, duración de 12 segundos y con un formato de datos tipo double, estas caracteristicas pueden ser cambiadas por el usuario. Al lado derecho de esta grafica se aprecia la señal modificada.

Figura 36. Modificación de volumen

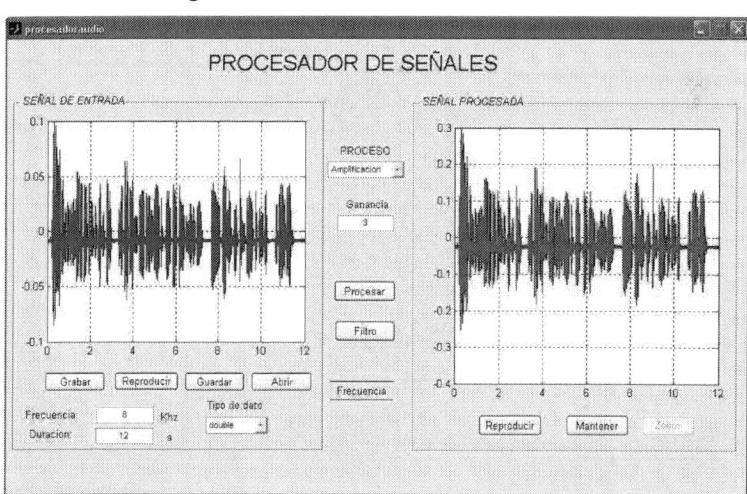

Fuente: autores del proyecto

➢ Normalización

Este proceso se lleva a cabo con el fin de llevar el pico de amplitud más alto de la señal justo por debajo del nivel de distorsión (0 dB), lo cual es de gran importancia ya que asegura la inteligibilidad del mensaje.

La prueba de este proceso se realiza de una manera similar a la anterior.

- Se carga la señal que va a ser procesada.
- Se selecciona dentro de la casilla "PROCESO" la función Normalización
- Se oprime el botón de "PROCESAR", y de esta forma se obtiene la señal normalizada. Ver figura 37.

Figura 37. Normalización de la señal

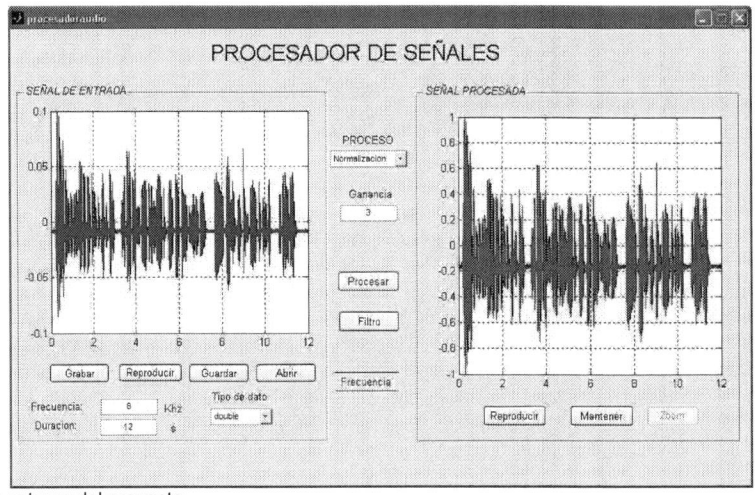

Fuente: autores del proyecto

➢ Filtrado

En la sección 3.2.3.3 se explica paso a paso cada uno de los detalles que se deben tener en cuenta para realizar el mejoramiento de una determinada señal que esté corrupta con algún tipo de ruido concentrado en frecuencia. Es importante destacar que luego de ser aplicado un filtrado, la señal de salida puede ser procesada o filtrada nuevamente aplicando el mismo proceso u otro de los procesos anteriormente nombrados anteriormente.

➢ Algoritmo de supresión de ruido

Este algoritmo es uno de los más complejos computacionalmente hablando, aunque con algunas mejoras de programación y cálculo de constantes puede mejorar notablemente su eficacia.

- Una vez cargada la señal de prueba, se selecciona en la casilla "PROCESO" la función Supresión.
- En el siguiente paso, se oprime el botón "Procesar" obteniendo de forma instantánea la señal de prueba con niveles de ruido inferiores a la de la señal original.

Figura 38. Supresión de ruido

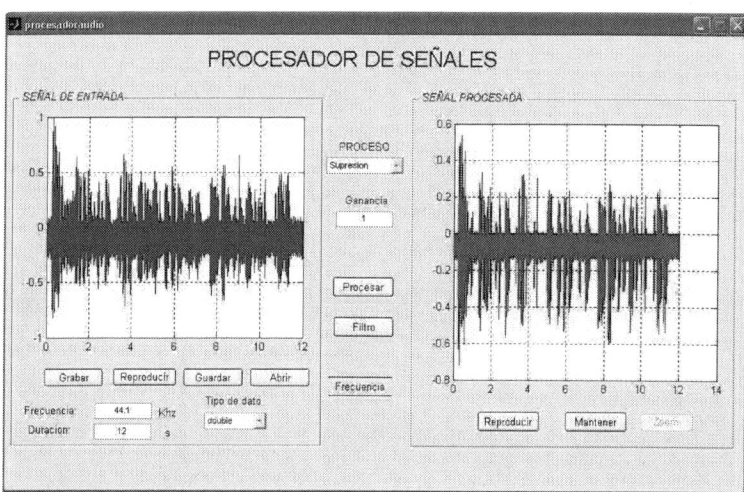

Fuente: autores del proyecto

5.2 PRUEBAS Y RESULTADOS DEL SISTEMA IMPLEMENTADO EN TIEMPO REAL

Para lograr con éxito la implementación del algoritmo creado en la dsPICDEM-1.1 se tomaron en cuenta algunos detalles importantes de programación y manejo de funciones que en MATLAB fueron prácticamente transparentes para el autor. Además cabe anotar que fue indispensable estudiar a fondo la configuración y manejo de la memoria del dsPIC seleccionado, ya que gran parte de los vectores requeridos para ejecutar las diferentes operaciones matemáticas descritas en el algoritmo final, requerían ser previamente declarados y alineados en la memoria del sistema. Lo anterior buscando garantizar la coherencia en los movimientos de datos entre las memoria de datos (X, Y) y la memoria de programa dentro del dsPIC, de esta forma poder lograr el correcto funcionamiento en las operaciones matemáticas planteadas.

El primer paso a realizar para llevar a cabo la implementación del sistema, fue la selección del procesador digital de señales con el cual se trabajaría.

Debido a que uno de los objetivos del proyecto era el de realizar el sistema de mejoramiento en un hardware de bajo costo, se tomó la decisión de trabajar con una tecnología que recientemente lanzó al mercado la empresa Microchip Tecnology Inc. y que efectivamente tiene un bajo costo. Esta tecnología posee todos los recursos de los mejores microcontroladores embebidos de 16 bits conjuntamente con las principales características de los DSP, permitiendo su aplicación en el amplio campo del procesamiento de señales digitales, el DSC reúne las mejores características de los dos campos (DSP y MCU) y marca el comienzo de una nueva era en el control embebido.

Teniendo claro la tecnología a utilizar, se realizó un estudio comparativo, de los recursos internos de los diferentes dsPIC que se podían utilizar sobre la dsPICDEM-1.1, se llegó a la conclusión que el dsPIC30F6014 - I/PF de propósito general, cumplía con las características necesarias para la implementación del sistema propuesto. Una vez seleccionado el procesador, se inició la implementación del sistema, para la cual, como ya se mencionó, se realizó un estudio a fondo de su lenguaje de programación, distribución de memorias y requerimientos adicionales de funcionamiento.

Con el fin de conocer la tarjeta de desarrollo dsPICDEM-1.1, la figura 46 muestra la distribución de los elementos de hardware dentro de ésta.

Figura 39. Distribución de los elementos de hardware dentro de la dsPICDEM-1.1

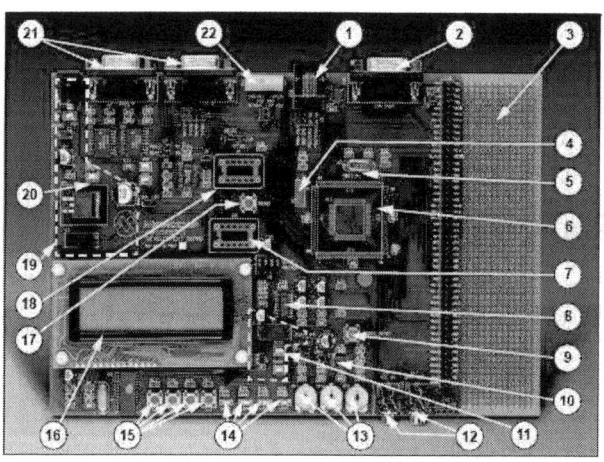

Fuente: MICROCHIP. dsPIC. [En línea] Arizona, 2006. Disponible en internet URL: http://ww1.microchip.com/downloads/en/DeviceDoc/70099D.pdf

Tabla 5. Elementos de hardware de la dsPICDEM-1.1

No.	Elemento de Hardware	No.	Elemento de Hardware
1	Conector ICD 2	12	Conectores I/O sonido
2	Puerto de comunicaciones CAN	13	Potenciómetros Análogos
3	Área para prototipos	14	LEDs
4	Oscilador X2	15	Pulsadores
5	Oscilador X3	16	LCD grafico (122X32)
6	Base de conexión dsPIC	17	Switch de reset dsPIC
7	Base del oscilador externo del SI3000	18	Base para cristal externo
8	Codec SI3000	19	Regulador de voltaje V_{DD}
9	Switch de reset para el codec	20	LED indicador de energía
10	Sensor de temperatura	21	Puerto serie RS-232
11	Regulador de voltaje AV_{DD}	22	Puerto RS-485/RS-422

Fuente: MICROCHIP. dsPIC. [En línea] Arizona, 2006. Disponible en internet URL: http://ww1.microchip.com/downloads/en/DeviceDoc/70099D.pdf

5.2.1 Algoritmo se supresión de ruido. Para realizar las pruebas del sistema, en primer lugar, se debe programar el dsPIC30F6014 - I/PF. Luego deben seguirse los pasos de configuración para la dsPICDEM-1.1 que se mencionan a continuación.

➢ Verificar que el jumper J8, se encuentre en la posición PGC/EMUC y PGD/EMUD.
➢ Insertar el oscilador de 14.7456 MHz en el socked U6.
➢ Colocar el jumper J9 del codec SI3000, en modo maestro (MASTER).
➢ Conectar en el plug J17 (SPKR OUT) los auriculares.
➢ Conectar en el plug J16 (MIC IN) la señal de entrada proveniente de la salida de la tarjeta de audio del PC.
➢ Conectar la alimentación de la dsPICDEM – 1.1 (Plug J1).

Figura 40. Diagrama de conexión entre la dsPICDEM-1.1 y el PC

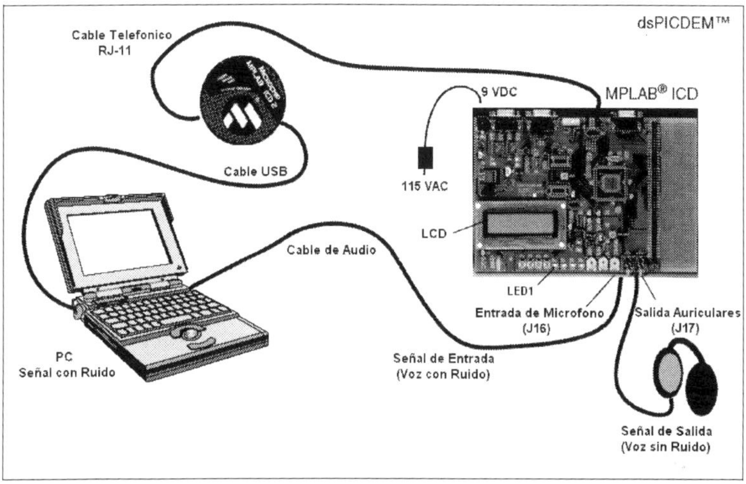

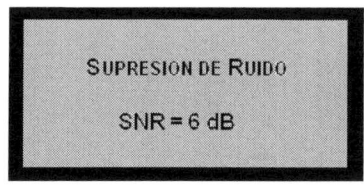

Fuente: MICROCHIP. dsPIC. [En línea] Arizona, 2006. Disponible en internet URL: http://ww1.microchip.com/downloads/en/DeviceDoc/70133c.pdf

En la figura 40 se puede apreciar una ilustración del diagrama de conexión entre la tarjeta y el PC.

Una vez conectada la fuente de poder, el dispositivo comienza su funcionamiento, ejecutando el algoritmo de supresión de ruido el cual despliega sobre el LCD la siguiente información:

Figura 41. Pantalla de inicio del sistema

SUPRESIÓN DE RUIDO

SNR = 6 dB

Fuente: Autores del proyecto

Este mensaje es mostrado constantemente mientras se esté ejecutando el algoritmo, de igual forma el LED1 permanece encendido indicando que el programa se está ejecutando correctamente.

Para la realización de las pruebas sobre la tarjeta, se realizó la captura de señales con diferentes tipos y niveles de ruido las cuales fueron almacenadas en el PC en formato WAV. Estas señales se denominaron señales de prueba, las cuales están conformadas por señales de voz corruptas con ruido blanco, ruido rosa y ruidos ambientales. Estos ruidos son los que alteran las señales de audio con más frecuencia, siendo el ruido blanco y el ruido rosa los más complejos de eliminar debido a su gran número de componentes espectrales, estos tipos de señales se conocen también como señales de espectro plano.

> Prueba del sistema en tiempo diferido

Las señales de prueba (señales de voz con ruido), se reproducen en el PC y por intermedio de la tarjeta de sonido y el cable de audio son ingresadas al sistema (plug J16). Una vez que la señal es reproducida, la relación señal a ruido (SNR) indicada en el LCD se recalcula constantemente y de igual forma es actualizada. Finalmente, en el mismo instante de tiempo se obtiene la señal de salida sobre los auriculares (señal de voz con niveles de ruido inferiores). En el CD que acompaña este libro se encuentran los archivos de audio utilizados para la realización de cada una de las pruebas y los archivos de audio obtenidos después de que la señal ha pasado por el sistema.

La figura 42 corresponde a una señal tomada y almacenada en el PC, ésta señal está conformada por voz corrupta con ruido blanco.

Figura 42. Señal de voz corrupta con ruido blanco. a) Dominio del tiempo b) Dominio de la frecuencia

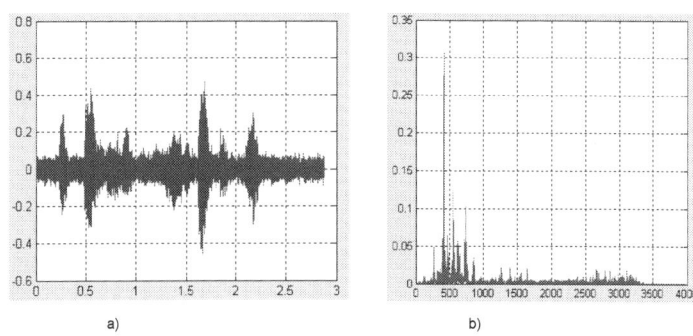

a) b)

Fuente: Autores del proyecto

Una vez reproducida la señal en el PC e ingresada al sistema, se capturó la señal de salida de éste obteniendo la señal mostrada en la figura 43, donde se puede notar la eficiencia del algoritmo implementado.

Figura 43. Señal de voz procesada. a) Dominio del tiempo b) Dominio de la frecuencia

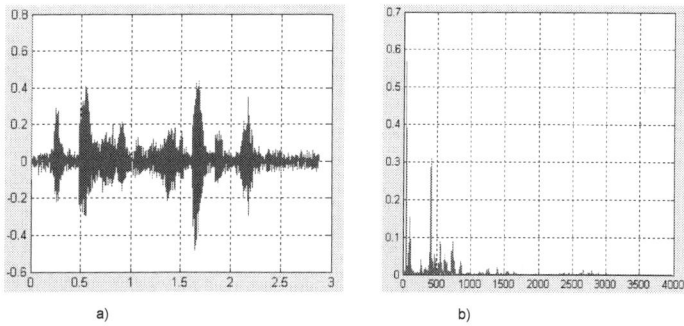

a) b)

Fuente: Autores del proyecto

> Prueba del sistema en tiempo real

La siguiente prueba se realizó configurando el sistema de la forma que va a operar normalmente. Es decir, se emplea un micrófono que se conecta directamente al plug de entrada (J16), de esta forma la respuesta del sistema se notará en tiempo real. La figura 44 muestra la configuración necesaria para esta prueba.

Figura 44. Configuración del sistema para la prueba en tiempo real

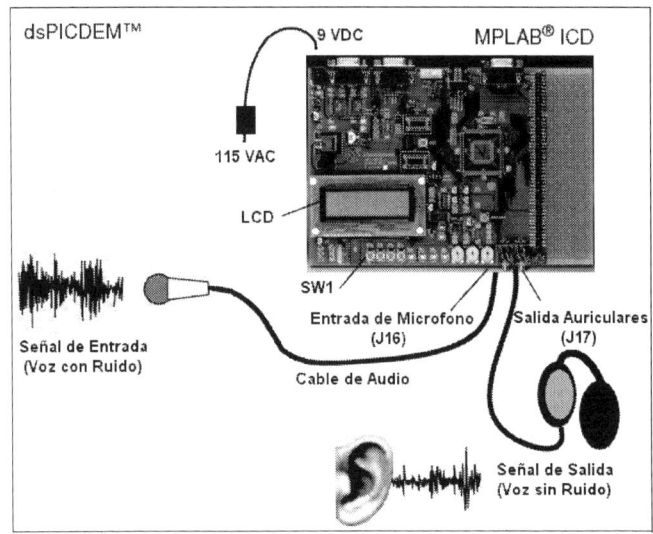

Fuente: Autores del proyecto

Para la realización de las pruebas, los autores se desplazaron a diferentes lugares donde los niveles de ruido se hacían evidentes, de igual forma se crearon ruidos de diferentes tipos con el fin de poder comparar la señal de entrada con la señal de salida. Con la realización de estas pruebas se pudo comprobar la gran eficiencia que posee el dispositivo en tiempo real obteniendo señales de salida con niveles de ruido muy inferiores a los de la señal de entrada.

5.2.2 Algoritmo de supresión de ruido por medio de filtrado. Se ha implementado un algoritmo diferente para la eliminación de ruido, este a diferencia del anterior está basado en filtros digitales FIR, los cuales son más limitados pero a diferencia del algoritmo anterior es más eficiente en cuanto a supresión de ruidos que tienen componentes espectrales concentrados en determinadas frecuencias.

Para la realización de las pruebas, la tarjeta dsPICDEM-1.1 se configura de una manera similar a la anterior, la diferencia en la configuración se menciona a continuación.

➢ Colocar el jumper J9 del codec SI3000, en modo esclavo (SLAVE).
➢ Retirar el oscilador externo del codec SI3000.

En este algoritmo, el procedimiento de adquisición de la señal se realiza de forma diferente. Se configuró la comunicación haciendo que el módulo DCI del dsPIC actúe en modo maestro manejando el reloj serie y el modo de operación de tramos síncrono y el codec SI3000 actúe en modo esclavo. En esta configuración el codec SI3000 no necesita de oscilador externo ya que es el dsPIC es quien tiene el control. De igual forma está configurado para que actúe a una frecuencia de muestreo de 8KHz con una palabra de 16 bits. Son activados los altavoces, ganancia de recepción y ganancia de transmisión de 0dB, parámetros de atenuación de 0dB.

En primer lugar se realizó el diseño y prueba de cada filtro.

El método de prueba más sencillo es haciendo uso de la tarjeta de sonido del PC. La salida de audio d la tarjeta de sonido se conecta a la entrada de audio de la tarjeta dsPICDEM y la salida de audio de ésta se conecta a la entrada del micrófono de la tarjeta de sonido del PC. Una vez realizada las conexiones, son necesarios dos programas, uno que permita generar señales por la salida de audio de la tarjeta de sonido, y otro que permitiese analizar las señales capturadas por la entrada del micrófono de la tarjeta de sonido. Para este caso se utilizó el software *Wave Tools*. Este programa dispone de tres módulos un generador de señales, un osciloscopio virtual y un analizador de espectros.

En la figura 45 se observan las ventanas de los tres módulos del *Wave Tools*. Como se puede observar se ha generado con el módulo *Signal Generator* una señal de ruido blanco, esta señal se ha representado en el dominio del tiempo con el módulo *Oscilloscope* y en el dominio de la frecuencia con el módulo *Spectrum Analyser*.

Figura 45. Ruido blanco y su espectro representado por la herramienta Wave Tools

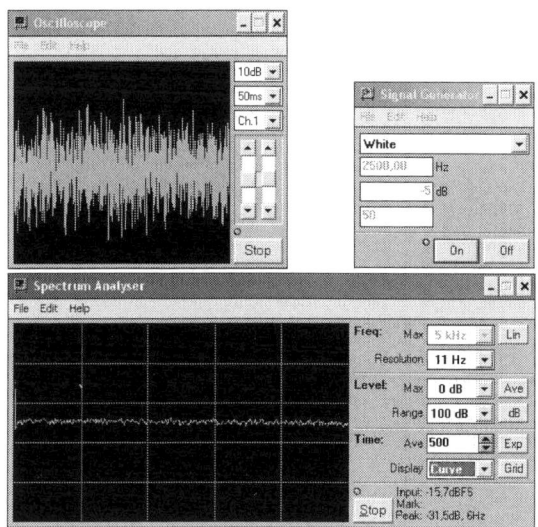

Fuente: Autores del proyecto

Una forma de comprobar el funcionamiento del filtro con este software sería generar señales sinusoidales de diferente frecuencia y comprobar qué atenuación sufre cada una de ellas. Pero existe una forma más rápida de comprobar el funcionamiento del filtro, con la que se puede calcular la respuesta fecuencial del filtro. El método consiste en generar ruido blanco con el módulo *Signal Generator* y activar el módulo *Spectrum Analyser*. De este modo, al conectar la salida de la tarjeta de sonido a la entrada de la misma, lo que se observa es una respuesta frecuencial plana. En la figura 45 se puede apreciar que el análisis frecuencial de ruido blanco corresponde a una línea recta, de modo que al colocar el filtro entre la salida y la entrada de audio de la tarjeta de sonido lo que se obtiene es la respuesta frecuencial del filtro diseñado.

Se tomó una señal de prueba corrupta con un ruido de 1KHz y una intensidad de 15 dB. Para eliminar este ruido, se realizó el siguiente proceso:

➢ Con el fin de eliminar la componente de DC y otras frecuencias que no pertenecen a la señal de voz, se implementó un filtro FIR pasa banda con las siguientes características:

- Frecuencia de corte inferior: 300Hz
- Frecuencia de corte superior: 1700Hz
- Frecuencia de rechazo inferior: 200Hz
- Frecuencia de rechazo superior: 1800Hz
- Atenuación en la banda de paso: 0.5dB
- Atenuación en la banda de rechazo: 20dB

Una vez diseñado el filtro con las características anteriores, se comprueba que el diseño ha sido correcto. Para ello, se debe contrastar las especificaciones del filtro con los resultados medidos con la herramienta *Wave Tools* los cuales se pueden apreciar en la figura 46.

Comprobando las especificaciones del filtro con la gráfica obtenida, se puede asegurar que la implementación del filtro es correcta. Cada división corresponde a 1KHz.

Figura 46. Respuesta en frecuencia del filtro pasa banda

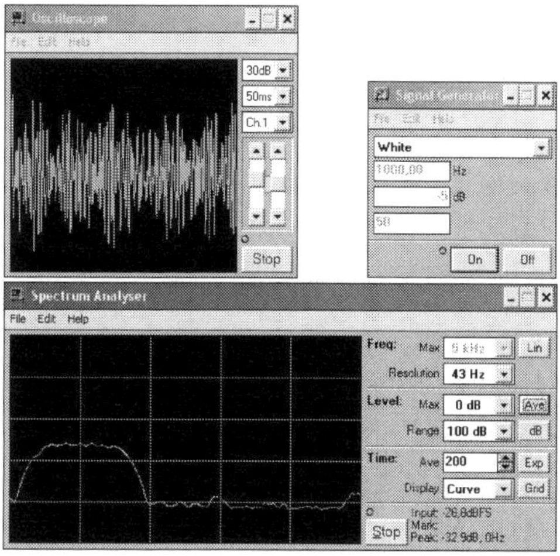

Fuente: Autores del proyecto

➢ Se implementó un filtro rechaza banda, el cual se encarga de eliminar la frecuencia del ruido de 1KHz. Este filtro se ejecuta en serie con el filtro pasa banda, es decir, la salida del filtro pasa banda es la entrada del filtro rechaza banda. El filtro diseñado en esta etapa posee las siguientes características:

- Frecuencia de corte inferior: 975Hz
- Frecuencia de corte superior: 1025Hz
- Frecuencia de rechazo inferior: 900Hz
- Frecuencia de rechazo superior: 1100Hz
- Atenuación en la banda de paso: 0.5dB
- Atenuación en la banda de rechazo: 20dB

Terminado el diseño de los filtros necesarios para eliminar este ruido, se comprueba el funcionamiento de los dos filtros en cascada. La figura 47 muestra la prueba de funcionamiento del algoritmo implementado.

Figura 47. Respuesta en frecuencia del filtro pasa banda y el filtro rechaza banda

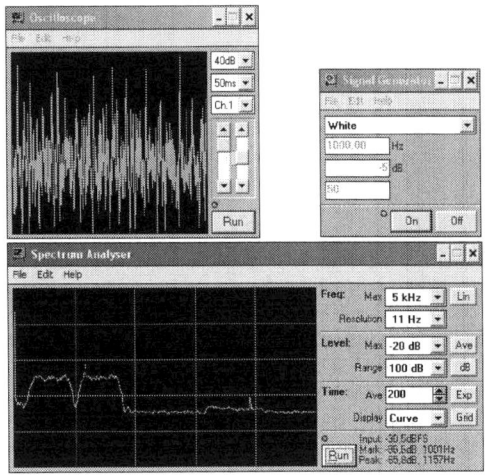

Fuente: Autores del proyecto

Para realizar la prueba, se ingresa al sistema la señal de prueba mostrada en la siguiente figura.

Figura 48. Señal de voz corrupta con ruido de 1KHz. a) Dominio del tiempo b) Dominio de la frecuencia

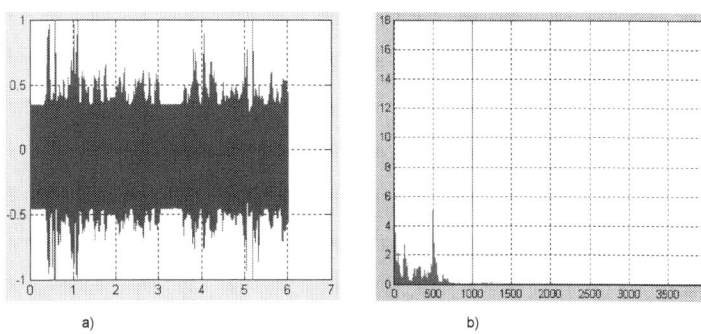

a) b)

Fuente: Autores del proyecto

El resultado obtenido después de pasar la señal de prueba a través del sistema, se puede apreciar en la siguiente gráfica.

Figura 49. Señal de voz procesada. a) Dominio del tiempo b) Dominio de la frecuencia

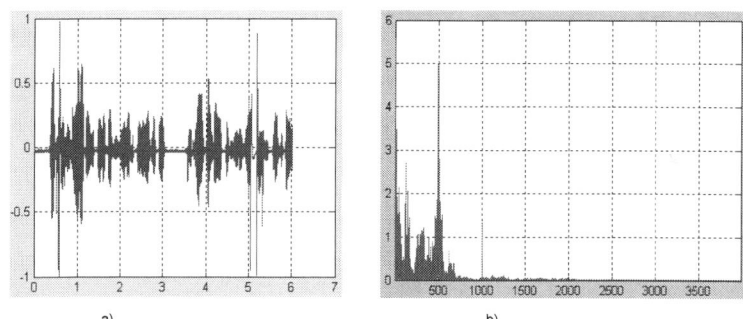

a) b)

Fuente: Autores del proyecto

6. CONCLUSIONES

Se desarrolló el diseño de un sistema de mejoramiento de señales de audio usando técnicas de procesamiento digital de señales. Este sistema está apoyado en una interfaz gráfica de fácil entendimiento y manejo para el usuario, en la cual se implementaron diferentes técnicas orientadas al mejoramiento de voz.

Se presentó una base teórica sobre la producción y percepción de sonidos en el ser humano, donde se destacan las funciones de cada uno de los órganos involucrados tanto en la percepción como en la producción de sonidos. Esta base teórica fue de gran importancia para la culminación de este proyecto. De igual forma toma gran relevancia en el desarrollo de proyectos futuros relacionados con el procesado de la voz.

Durante el desarrollo de este proyecto, se presentó una estructura de procesado de voz capaz de reducir de forma apreciable el ruido producido por algunas fuentes de ruido. Esta estructura fue implementada tanto en el software MATLAB como en un procesador de señales digitales obteniendo notables resultados.

La implementación en tiempo real de este sistema sobre el dsPIC30F6014-I/PF permitió comprobar algunos de los alcances que tienen este tipo de tecnología en el mundo real y actual. Se comprobó que es posible la implementación de algoritmos de procesado de señal que requieren un alto costo computacional en dispositivos de bajo costo.

Finalmente, se concluye que se han cumplido todos los objetivos planteados a cabalidad, lo que deja una gran satisfacción tanto profesional como personal.

PERSPECTIVAS DE TRABAJO FUTURO

En esta parte del libro, se plantean algunas mejoras que podrían ser hechas al sistema propuesto y en general a la investigación y experimentación en el área de procesado digital de voz, con el fin de mejorar los resultados obtenidos en este trabajo y avanzar en el tema de mejoramiento de voz.

En primer lugar, se propone diseñar un hardware de aplicación específica, con el fin de reducir notablemente los costos del sistema y de esta forma hacer posible su comercialización haciéndolo accesible a cualquier usuario y así contribuir con el desarrollo tecnológico del país.

Se recomienda implementar el sistema de mejoramiento de voz, en un DSP de mayor rendimiento y eficiencia, como lo es la gama de dsPIC 33FXXXX, de esta forma poder realizar mejoramientos de audio en señales con mayor contenido espectral.

Se recomienda mejorar el algoritmo de supresión de ruido implementado en MATLAB haciendo uso de redes neuronales artificiales para calcular las constantes requeridas en el cómputo de algunas de las funciones que fueron utilizadas en el desarrollo de este algoritmo.

Finalmente, se recomienda hacer la investigación e implementación, tanto en MATLAB como en el dsPIC, de un algoritmo que implemente filtros adaptativos. De igual forma, sería de gran interés realizar la modificación de los algoritmos desarrollados, con el fin de poder realizar su ejecución en tiempo real utilizando una tarjeta específica para este propósito.

BIBLIOGRAFÍA

[ALLEN85] ALLEN. Jont B. Cochlear Modeling. California: IEEE ASSP Magazine, 1985. 45 P.

[AMBIKAIRAJAH89] AMBIKAIRAJAH. Eliathamby, Norman D. Black, y Robert Linggard. Digital Filter Simulation of the Basilar Membrane. Computer Speech and Language, 1989. 345 P.

[ANGULO01] ANGULO, Jose Maria. Microcontroladores PIC. Madrid: McGaw Hill, 2001. 232 P.

_____. Microcontroladores Avanzados dsPIC. Madrid: Thomson Editores, 2006. 768 P.

_____. dsPIC Diseño Práctico de Aplicaciones. Madrid: McGraw Hill, 2006. 408 P.

[BERNAL00] BERNAL, Jesús. BOBADILLA, Jesús. GOMEZ, Pedro. Reconocimiento de voz y fonética acústica. México: Alfaomega, 2000. 332 P.

[BERANEK69] BERANEK. Leo L. Acustica, 2 ed. Madrid: Editorial Hispano Americana S.A. 1969, 257 P.

[CALDERON02] CALDERON, Luz Eliana y DIAZ, Orlando. Desarrollo de una interfaz para la manipulación de eventos a través de órdenes verbales, con un lenguaje natural, utilizando los puertos de un PC. Bucaramanga: Centrosistemas, 2002, 158 P. Proyecto de grado. Facultad de ingenieria electrónica.

[FLANAGAN72] FLANAGAN. James L. Speech Analysis. Synthesis and Perception. Communication and Cybernetic in Einzeldarstellungen, 2 ed, Denver: Addison Wesley. 1972, 317 P.

[FURUI89] FURUI. Sadaoki. Digital Speech Processing, Synthesis, and Recognition., Dallas: Marcel Dekker Inc. 1989, 283 P.

[MICROCHIP06] dsPIC30F6011, dsPIC30F6012, dsPIC30F6013, dsPIC30F6014 Datasheet. Microchip. [Online document]. Disponible en URL: http://ww1.microchip.com/downloads/en/DeviceDoc/70117e.pdf

_____. dsPIC Language Tools Libraries. Microchip. [Online document]. 2005. Disponible en URL: http://ww1.microchip.com/downloads/en/DeviceDoc/51456b.pdf

[OPPENHEIM98] OPPENHEIM, Alan. Señales y sistemas. 2 ed, Madrid: Prentice Hall, 2000. 904 P.

[OSORIO06] ANAYA, Luís Alejandro. Sistema automático para la identificación de órdenes a través de la voz utilizando rede neuronales artificiales e implementado en un DSP TMS320C6711. Bucaramanga: UDI, 2006 Proyecto de grado ingeniería electrónica convenio universidad del valle.

[O'SHAUGHNESSY87] O'SHAUGHNESSY, D. Speech Communication: Human and Machine, New York: Addison Wesley. 1987, 356 P.

[POHLMANN02] POHLMANN, Ken C. Principios de audio digital. Madrid: McGraw Hill, 2002, 724 P.

[PROAKIS98] PROAKIS, John y MANOLAKIS, Dimitris. Tratamiento digital de señales. 3 ed, Madrid: Prentice Hall, 1998. 1048 P.

ANEXOS

ANEXO A. DESCRIPCIÓN DEL FORMATO WAV DE MICROSOFT

Los archivos WAV están formados por dos bloques: la cabeceara y las muestras digitalizadas del sonido. La cabecera tiene un tamaño de 44 bytes y contiene el tipo y organización de las muestras. Su contenido es el siguiente:

- Campo 1: bytes 0..3. Contiene la palabra "RIFF" en código ASCII.
- Campo 2: bytes 4..7. Tamaño total del archivo en bytes menos 8 (no incluye los dos primeros campos).
- Campo 3: bytes 8..15. Contiene la palabra "WAVEfmt " en código ASCII (fijarce que hay un espacio detrás de la t).
- Campo 4: bytes 16..19. Formato: para PCM vale 16.
- Campo 5: bytes 20..21. Formato: para PCM vale 1.
- Campo 6: bytes 22..23. Se indica si es mono (1) o estéreo (2).
- Campo 7: bytes 24..27. Frecuencia de muestreo, puede valer: 11.025, 22.050 o 44.100.
- Campo 8: bytes 28..31. Indica el número de bytes por segundo que se debe intercambiar con la tarjeta de sonido para una grabación o reproducción.
- Campo 9: bytes 32..33. Numero de bytes por captura, puede ser 1,2 o 4.
- Campo 10: bytes 34..35. Numero de bits por muestra, puede ser 8 o 16.
- Campo 11: bytes 36..39. Contiene la palabra "data" en código ASCII.
- Campo 12: bytes 40..43. Número total de bytes que ocupan las muestras.

Cuando la grabación es monofónica todas las muestras se almacenan de forma consecutiva. Si es de 8 bites por muestra cada muestra ocupa un byte, si es de 16 bits por muestra cada muestra ocupa 2 bytes (en Intel se almacena en primer lugar el byte menos significativo).

Cuando la grabación es en estéreo se almacena de forma alternada, una muestra de cada canal.

Cuando se captura en 8 bits por muestra el tipo de dato leído es byte, es un tipo sin signo con un rango de 0 a 255; en este caso el silencio acústico se encuentra en el valor 128. Este no es un tipo adecuado para operar matemáticamente, por ello se debe realizar un desplazamiento para que el silencio se sitúe en el valor cero. Se pasara al tipo shortint cuyo rango va desde -128 a 127.

Al capturar en 16 bits por muestra el tipo leído es integer, se define con signo y su rango va desde -32.768 a 32.767, el silencio se sitúa en el valor cero, con lo que se puede operar directamente[*] [BERNAL00].

---

[*] Los tipos de datos tratados en este anexo hacen referencia al lenguaje PASCAL

ANEXO B. ALGORITMOS IMPLEMENTADOS EN EL dsPIC

Algoritmo implementado en el dsPIC que captura una señal y de igual forma saca dicha señal, especificando el punto donde se realiza el procesado de ésta.

```c
// CODEC Si3000 como esclavo.
// OSC1 = 7.3728MHz
// Fs  = 7200Hz

#include "p30f6014.h"
#include "dsp.h"

_FWDT(WDT_OFF);
_FGS(CODE_PROT_OFF);
_FBORPOR(MCLR_EN & PBOR_OFF);
_FOSC(CSW_FSCM_OFF & XT_PLL8);

void __attribute__((__interrupt__)) _DCIInterrupt(void)
{
  TXBUF0 = RXBUF0;
      /* Algoritmo de procesamiento de la señal *\
  IFS2bits.DCIIF=0;
}

void wait (int x)
{
  long i;
  for (i=0; i<10*x; i=i+1) __asm__ volatile ("nop");
}
```

```c
int main(void)
{
    int i;
    DCICON1bits.DCIEN=0;
    IEC2bits.DCIIE=0;
    IFS2bits.DCIIF=0;

    DCICON1bits.COFSM  =0;
    DCICON1bits.DJST   =0;
    DCICON1bits.CSDOM  =0;
    DCICON1bits.UNFM   =0;
    DCICON1bits.COFSD  =0;
    DCICON1bits.CSCKE  =0;
    DCICON1bits.CSCKD  =0;
    DCICON1bits.DLOOP  =0;
    DCICON1bits.DCISIDL=0;

    DCICON2bits.WS    =15;
    DCICON2bits.COFSG =7;
    DCICON2bits.BLEN  =1;
    // DCICON3 = (reloj osc)/(2*256*Fs)
    //        = 14745600/(2*(7200*256))-1
    //        = 3
    DCICON3=3;

    RSCON=1;
    TSCON=1;
```

```
TRISFbits.TRISF6=0;
PORTFbits.RF6=0;
wait(100);
PORTFbits.RF6=1;

DCICON1bits.DCIEN=1;

while (DCISTATbits.TMPTY==0) { ; }
TXBUF0=1;
TXBUF1=0x0300;
wait(10000);

 while (DCISTATbits.TMPTY==0) { ; }
TXBUF0=1;
TXBUF1=0x0413;

wait(10000);

 while (DCISTATbits.TMPTY==0) { ; }
TXBUF0=1;
TXBUF1=0x011a;

while (DCISTATbits.TMPTY==0) { ; }
TXBUF0=1;
TXBUF1=0x0200;

while (DCISTATbits.TMPTY==0) { ; }
```

```
TXBUF0=1;
TXBUF1=0x0592;

while (DCISTATbits.TMPTY==0) { ; }
TXBUF0=1;
TXBUF1=0x065e;

while (DCISTATbits.TMPTY==0) { ; }
TXBUF0=1;
TXBUF1=0x075d;

while (DCISTATbits.TMPTY==0) { ; }
TXBUF0=1;
TXBUF1=0x0900;

wait(100);

DCICON1bits.DCIEN=0;
DCICON2bits.COFSG=15;
DCICON2bits.BLEN =0;
DCICON1bits.DCIEN=1;
IFS2bits.DCIIF=0;
IEC2bits.DCIIE=1;

TRISD=0;
PORTD=0xff;
```

```
while (1)
{
  PORTDbits.RD0=0;
  PORTDbits.RD0=1;
}
}
```

ANEXO C. CARACTERÍSTICAS CODEC SI3000

El CODEC (Codificador/DECodificador) es un chip integrado que se encarga de convertir una señal analógica en digital y viceversa. Este chip es una solución completa para la banda de audio ofreciendo una alta integración, las características principales de este chip son:

- Rango dinámico de 84 dB de ADC.
- Rango dinámico de 84 dB de DAC.
- Frecuencia de muestreo de 4 -12 KHz.
- Preamplificador de micrófono de 30 dB.
- Ganancia/atenuación de entrada programable de 36/12 dB.
- Ganancia/atenuación de salida programable de 36/12 dB.
- Soporta auriculares de 32 Ω.
- Mezclador de entrada 3:1.
- Alimentación de 3,3 – 5 V.
- Conexión directa a DSP.

El CODEC SI3000 posee 9 registros de control y cada uno de ellos tiene una funcionalidad diferente. La configuración del CODEC se realiza modificando los bits de estos registros de control, con lo que se podrán activar o desactivar las funcionalidades de éste.

ANEXO D. MANUAL DE USUARIO DE LA HERRAMIENTA EN MATLAB

1. MANUAL DE USUARIO DE LA HERRAMIENTA DISEÑADA EN MATLAB

En este manual de usuario se realiza una explicación detallada del funcionamiento de la herramienta diseñada.

1.1 CONOCIENDO EL ENTORNO

En la figura 50 se aprecia la visión general de la herramienta diseñada.

Figura 50. Visión general de la herramienta diseñada

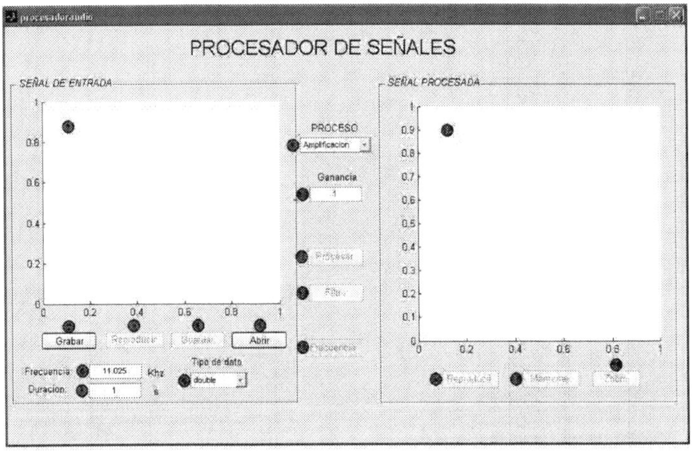

Fuente: Autores del proyecto

1. Grafica de la señal de entrada
2. Grabación de voz
3. Reproducir la señal de entrada
4. Guardar señal grabada o procesada
5. Abrir un archivo ya existente en el disco duro

6   Frecuencia de muestreo o frecuencia de reproducción de la señal
7   Duración de la señal a grabar
8   Tipo de dato: formato del dato con el que se desea trabajar
9   Proceso a aplicar
10 Ganancia de amplificación
11 Procesar: iniciar el proceso seleccionado
12 Filtro: configuración de las características del filtro
13 Frecuencia: muestra la respuesta en frecuencia de la señal
14 Reproduce la señal que se muestra en la grafica de la señal de salida
15 Carga la señal de salida a la entrada
16 Realiza un zoom en la señal de salida
17 Grafica de señal de salida

1.2 PROCESO DE GRABACIÓN

Una vez se ha conectado el micrófono a la tarjeta de sonido, se procede a realizar la configuración de los parámetros de la señal de entrada. Estos parámetros son:

Frecuencia: Permite seleccionar la frecuencia a la que va ha ser muestreada la señal.
Duración: Tiempo que se desea grabar una señal. Se determina en segundos.
Tipo de dato: Permite seleccionar el tipo o formato con el que va ha ser capturada la señal.

Luego de haber seleccionado o configurado cada uno de los parámetros adecuadamente se procede con la grabación, este proceso se logra ejecutando el botón "Grabar". De esta forma se grabara la señal según la duración seleccionada y de inmediato será representada en la grafica de la señal de entrada.

Otra forma de cargar una señal para su respectivo proceso es abriendo una señal que se haya almacenado anteriormente. Para realizar este proceso se debe ejecutar el botón "Abrir" y seleccionar la ruta donde se encuentra ubicado el archivo.

1.3 PROCESO DE REPRODUCCIÓN

Esta utilidad permite realizar la reproducción de una señal que haya sido previamente almacenada o que se desee almacenar. Este proceso se lleva a cabo ejecutando el botón "Reproducir" ubicado en la parte izquierda de la interfaz.

En la parte derecha de la interfaz está ubicado otro botón con el nombre "Reproducir" el cual permite escuchar la señal ya procesada. Esto permite hacer el contraste entre la señal a procesar y la señal ya procesada.

1.4 PROCESADO DE LA SEÑAL

Dentro de los posibles procesos que pueden ser aplicados, fueron implementados los más utilizados en el campo de mejora de señales. Estos procesos son:
- Modificación del volumen
- Normalización

- Supresión de ruido por medio de filtrado
- Algoritmo de supresión de ruido

1.4.1 Modificación de volumen

Una vez capturada la señal de entrada, se selecciona en el menú desplegable ubicado bajo el indicador "PROCESO" la opción "Amplificación" y en la casilla de ganancia se digita el factor por el cual se multiplica la señal.

Una vez seleccionado el proceso y especificado el factor de ganancia se procede a ejecutar el proceso de la señal oprimiendo el botón "Procesar". De esta forma en la pantalla ubicada en la parte derecha se grafica o se muestra la señal procesada. Esta señal como se indicó anteriormente puede ser reproducida o guardada para su posterior análisis o posibles mejoras mediante la utilización de otros métodos de mejora.

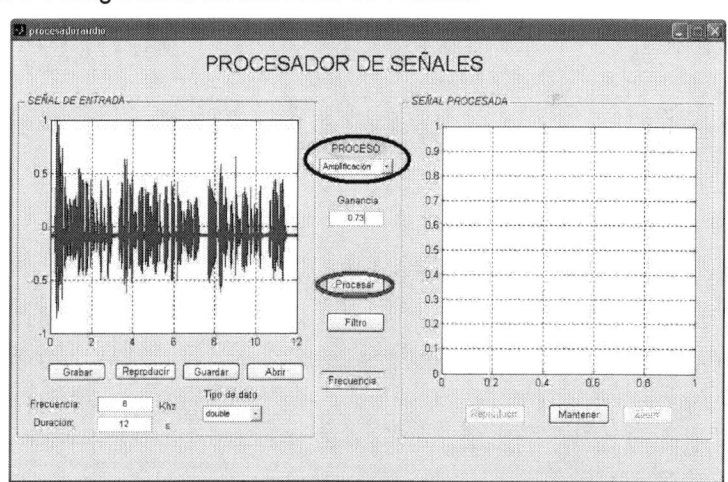

Figura 51. Configuración modificación de volumen

Fuente: Autores del proyecto

Figura 52 Señal modificada

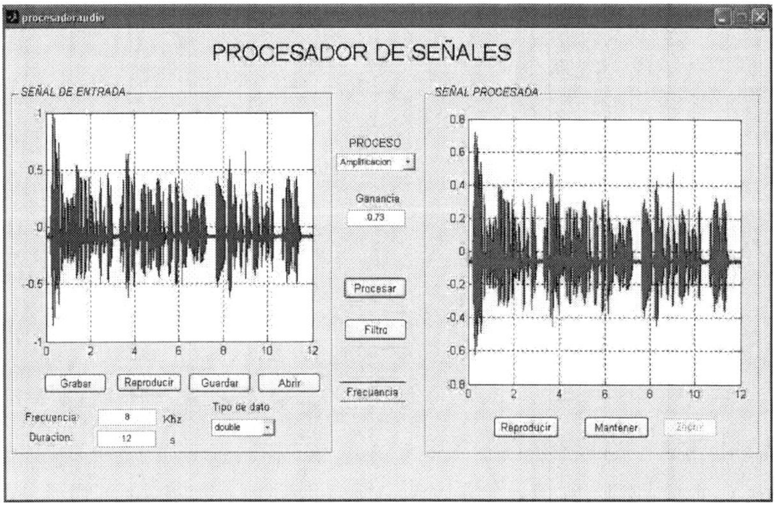

Fuente: Autores del proyecto

1.4.2 Normalización

Para efectuar el proceso de normalización se siguen los pasos mencionados en el ítem anterior, con la diferencia de que en el menú desplegable se selecciona la opción "Normalización".

1.4.3 Supresión de ruido por medio de filtrado

El proceso de filtrado se lleva a cabo siguiendo los siguientes pasos:

1. Se debe dar un clic sobre el botón filtro como muestra la figura 53

Figura 53. Ingreso a la etapa de filtrado

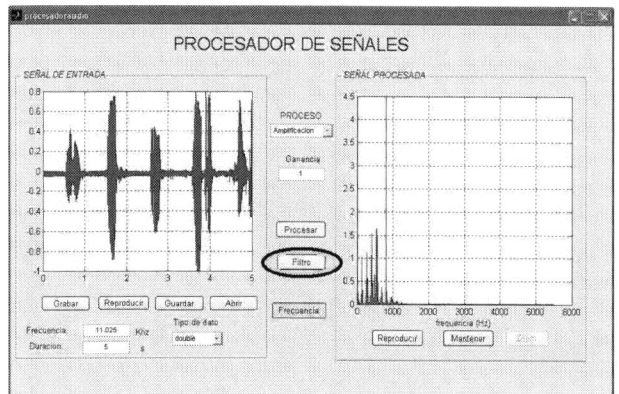

Fuente: Autores del proyecto

Una vez seleccionada esta opción aparecerá la ventana mostrada en la figura 54. Luego de desplegarse esta ventana mostrara un tipo de filtro y unas características determinadas por defecto.

Figura 54. Ventana de diseño de filtros

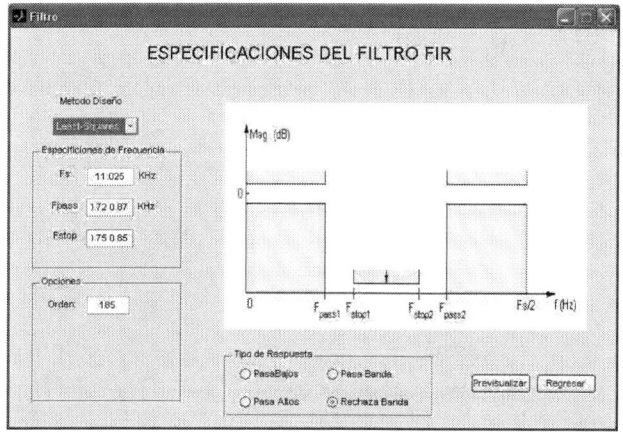

Fuente: Autores del proyecto

2. Se procede a ingresar las características del filtro a diseñar, como lo son: tipo de filtro, frecuencia a la que fue muestreada la señal, frecuencia de corte, orden del filtro y otras características que son propias del tipo de filtro que ha seleccionado.

3. Una vez establecidas las características del filtro, se debe dar un clic sobre el botón de previsualizar. De esta forma se calcularan los coeficientes del filtro. Estos coeficientes son cuantificados y guardados en memoria. La ventana mostrará al usuario las características más relevantes de dicho filtro, ver figura 55.

Figura 55. Características del filtro diseñado

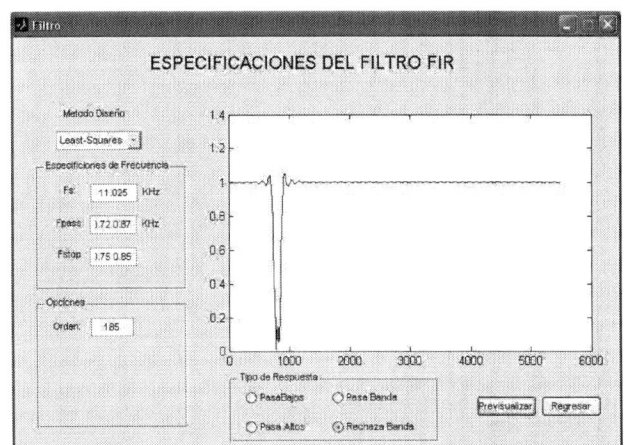

Fuente: Autores del proyecto

4. Si las características del filtro son las deseadas, se debe dar un clic sobre el botón regresar, de esta forma se desplegara nuevamente la pantalla principal.

De lo contrario, es decir si las características no son las esperadas debe cambiarlas y previsualizar nuevamente.

5. Bajo la opción proceso debe ser seleccionado "Filtrar", como se muestra en la figura 56.

Figura 56. Filtrado de la señal

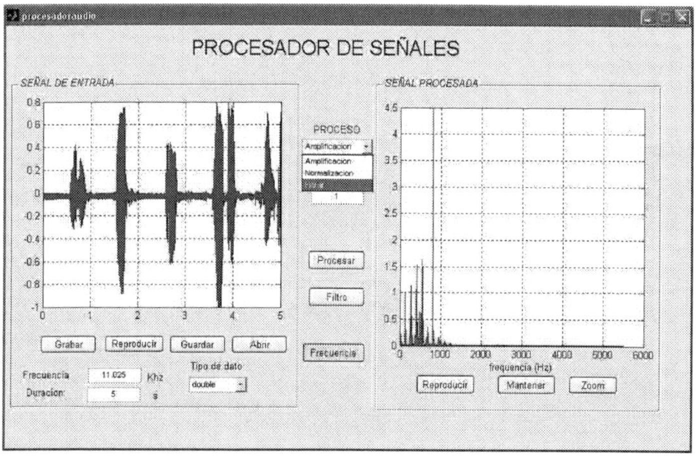

Fuente: Autores del proyecto

6. Una vez realizados los anteriores pasos se debe ejecutar el filtrado mediante un clic sobre el botón procesar. De esta forma se visualizará en la parte derecha de la interfaz la nueva señal ya filtrada. Ver figura 57.

La herramienta ofrece la posibilidad de aplicar un nuevo proceso a esta señal obtenida y a esta aplicar nuevamente otro proceso y así sucesivamente hasta obtener una respuesta agradable al oído.

Figura 57. Señal filtrada en el dominio del tiempo

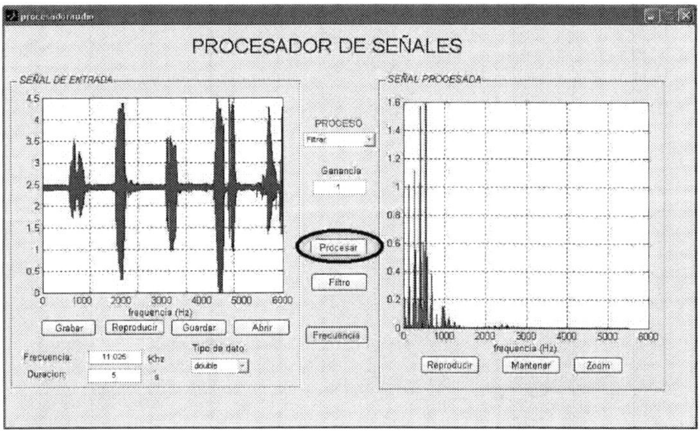

Fuente: Autores del proyecto

Figura 58. Contraste de la señal filtrada en el dominio de la frecuencia

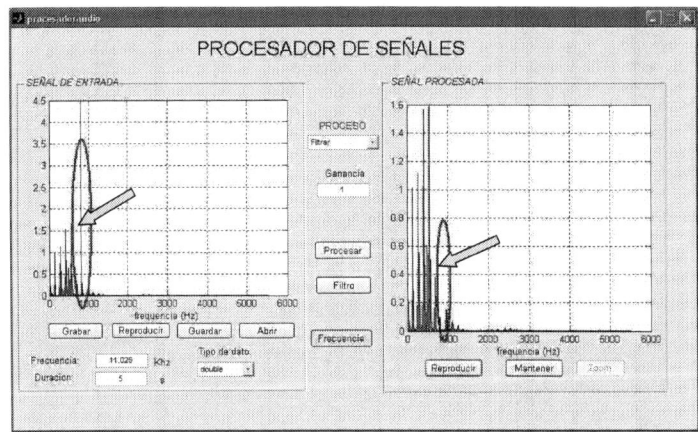

Fuente: Autores del proyecto

Figura 59. Contraste de la señal filtrada en el dominio del tiempo

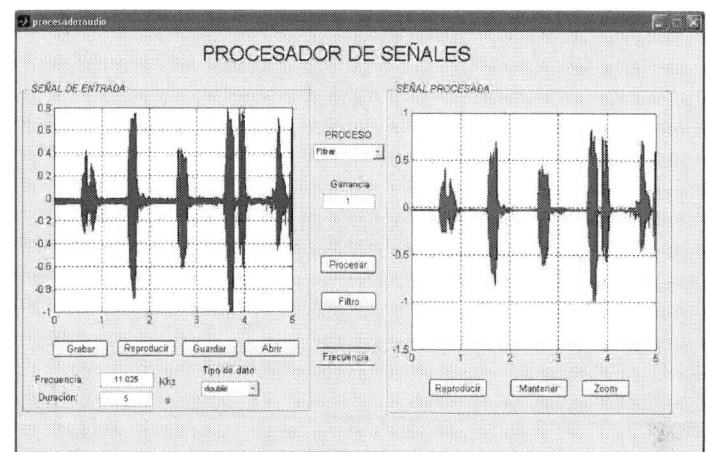

Fuente: Autores del proyecto

Al culminar de aplicar los determinados procesos a la señal y una vez los resultados sean satisfactorios, la herramienta provee la posibilidad de almacenar o guardar la señal procesada. De esta forma se podrá realizar el contraste de la señal de entrada y la señal de salida con el fin de poder apreciar los cambios sufridos debido a las diferentes etapas de procesamiento aplicadas.

1.4.4 Algoritmo de supresión de ruido

El procesado de la señal por medio de este algoritmo se lleva a cabo de la misma forma que en el ítem 1.4.1 y 1.4.2, nuevamente con la diferencia de que en el menú desplegable se selecciona la opción "Supresión".

I want morebooks!

Buy your books fast and straightforward online - at one of the world's fastest growing online book stores! Environmentally sound due to Print-on-Demand technologies.

Buy your books online at
www.get-morebooks.com

¡Compre sus libros rápido y directo en internet, en una de las librerías en línea con mayor crecimiento en el mundo! Producción que protege el medio ambiente a través de las tecnologías de impresión bajo demanda.

Compre sus libros online en
www.morebooks.es

SIA OmniScriptum Publishing
Brivibas gatve 1 97
LV-103 9 Riga, Latvia
Telefax: +371 68620455

info@omniscriptum.com
www.omniscriptum.com

Made in the USA
Las Vegas, NV
26 March 2021